PINEAPPLE BUN

PINEAPPLE BUN

辣媽的
百變波蘿

Pineapple
Bun

51種多變的菠蘿麵包
&12美味餡料

人氣 **No.1** 麵包機女王・暢銷作家
辣媽 Shania ———— 著

作者序

在這兩年的教學時間，發現學生對於菠蘿麵包非常喜愛，我也開始對菠蘿麵包產生更多好奇，在嘗試幾款之後，發現菠蘿麵包有好多種可能！於是想將這些食譜整理成書。之前出版三本書之後，第四本——「辣媽的百變菠蘿」，想給自己不一樣的挑戰，即是透過集資平台，獨立出版！

在兩個月的募資預購期間，真的是一段很特別的心路歷程，從初期興奮到中途預購速度緩下來而有些失落，但也因此讓我再次思考，如果在沒有預期會受歡迎的情況下，我還是要出版嗎？答案是——肯定的！因為菠蘿麵包不僅是美味、有趣，還有好多種變化，我是真的真的很想跟更多人分享啊！於是我調降了募資的目標，即使預購數量沒有那麼符合出版效益，我還是要將它完成並且出版！

我很幸運，在這本書未完成之前，已經有這麼多的朋友支持我。雖然寫這本書時充滿壓力，實在是有夠累，相對的也換來滿滿的成就感，畢竟在這不斷嘗試的過程中，我發現有許多未曾發揮的空間，並踏實地經歷了一個圓夢的過程，真的好棒！

特別感謝好朋友們，如此賣力的幫我試讀試做！離開金融業後，可以結交到這些好朋友們，是多麼美好的緣分啊！

由衷感謝「莎莎的手作幸福料理」、「蘿瑞娜的幸福廚房」、「戀戀家」、「神老師 & 神媽咪」，由衷感謝你們！讓我人生第一本獨立出版的書，可以達標順利募資成功！期許書上市之後也能有好成績！

謝謝支持我的廠商們！
洽發麵粉廠
夏蕾義式冰淇淋
Tulloch
德意志烘焙股份有限公司
以及「群募貝果」提供這麼棒的集資平台！

CONTENTS

作者序　004

Chapter 1.
菠蘿麵包大小事

材料說明　010
菠蘿皮製作方式　013
菠蘿麵包製作方式　014
常見問題　018

Chapter 2.
百變菠蘿登場

1. 原味菠蘿

1-1　原味台式菠蘿　022
1-2　原味湯種菠蘿　024
1-3　日式菠蘿　026
1-4　港式菠蘿　028
1-5　丹麥菠蘿　030

2. 菠蘿麵包的簡單變化

2-1　巨無霸菠蘿　034
2-2　迷你菠蘿　036
2-3　香草卡士達菠蘿　038
2-4　奶酥菠蘿　040

3. 多變菠蘿

3-1　奶油花生夾餡菠蘿　042
3-2　布丁菠蘿　046
3-3　牛角菠蘿　048
3-4　抹茶麻糬　052
3-5　紫薯菠蘿　054
3-6　巧克力豆菠蘿　056
3-7　巧克力菠蘿　058
3-8　檸檬菠蘿　060
3-9　伯爵茶菠蘿　062
3-10　黑糖麻糬菠蘿　064
3-11　黑芝麻全素菠蘿　066
3-12　地瓜菠蘿　068
3-13　叉燒菠蘿　070
3-14　流沙鹹奶酥菠蘿　072
3-15　肉鬆海苔菠蘿　074
3-16　鹽之花鹹奶油菠蘿　076

4. 台灣在地創意菠蘿

4-1　脆皮草莓吐司　078
4-2　芒果菠蘿　080
4-3　蔥花起司菠蘿　082
4-4　烘焙茶菠蘿　084

5. 美味的菠蘿吐司

5-1 紅酒脆皮巧克力吐司 086

5-2 蔓越莓奶酥吐司 088

5-3 迷你芋泥吐司 090

5-4 巴布羅吐司 092

5-5 大理石吐司 094

5-6 中種法果乾吐司 098

6. 可愛的造型菠蘿

6-1 烏龜菠蘿 100

6-2 企鵝菠蘿 102

6-3 金雞報喜 104

6-4 俏皮的馬 106

6-5 葉子 108

6-6 南瓜造型菠蘿 110

6-7 草莓造型菠蘿 112

6-8 鳳梨造型菠蘿 114

6-9 栗子造型菠蘿 118

6-10 樹幹造型菠蘿 120

6-11 愛心造型菠蘿 122

7. 菠蘿的親戚們

7-1 墨西哥麵包 124

7-2 菠蘿泡芙 126

7-3 泡菜牛肉虎皮麵包 128

7-4 奶酥粒麵包 130

7-5 馬卡龍麵包 132

8. 內餡

8-1 奶酥餡 134

8-2 芋泥餡 136

8-3 檸檬奶油乳酪 138

8-4 卡士達醬 140

8-5 生巧克力 142

8-6 奶油霜 144

8-7 叉燒醬 146

8-8 微流沙鹹奶酥餡 148

8-9 黑糖 QQ 150

8-10 原味麻糬 152

8-11 湯種 154

8-12 栗子泥 156

9. 菠蘿皮的變化

9-1 可愛餅乾 158

9-2 草莓塔 160

10. 菠蘿這樣吃

10-1 菠蘿漢堡 162

10-2 菠蘿冰淇淋 163

Chapter 1.

菠蘿麵包大小事

材料説明

以下就來簡單介紹，製作菠蘿麵包時候會使用到最基本的材料。

● 麵粉

高筋麵粉 ❶

本書的菠蘿麵包大多使用高筋麵粉，筋性足夠，才能做出有嚼勁的麵包。本書使用洽發的「卡美里亞」或「彩虹」，吸水力相對比較強，可能約 70% 左右。每一種高筋麵粉的吸水量有些差異，吸水量較少的約 60% 左右 **（麵粉的 60% 重量 = 水量）**，日系麵粉或洽發的麵粉介於 65 ～ 75% 左右。例如 250g 的麵粉，水分則為 175g 左右 **（請依實際操作狀況調整）**。

低筋麵粉 ❷

低筋麵粉的筋性最低。這本書裡面的低筋麵粉有兩個用途，一個是添加在麵包裡面，讓麵包口感更加柔軟。另一個是用來製作菠蘿皮成品剛烤完會酥脆，隔天會變得稍微鬆軟的口感。

法國粉

用於製作法國麵包的專用粉。

● 可可粉 ❸

食譜裡面所使用的可可粉皆為無糖可可粉，可可粉有顏色深淺之分，風味也會不同，本書使用的是德意志烘焙股份有限公司的「BT 古典口味」可可粉。

● 抹茶粉

請使用烘焙專用的無糖抹茶粉 **（如森半的無糖抹茶粉）**，一般沖泡用的綠茶粉因為不耐高溫，烘烤之後顏色會變。

● **紅麴粉**

天然的色素，在一般烘焙材料行可以買得到。

● **薑黃粉**

一般市售的薑黃粉即可。

● **竹炭粉**

可食用的竹炭粉，烘焙材料行可以買得到。

● **酵母粉**

本書使用一般速發酵母，速發酵母使用非常的方便，使用量少，也可以迅速的與水融合並發酵，有些乾燥酵母必須先與水分混合均勻才能使用。但是速發酵母並沒有這樣的問題。

● **奶粉**

用於增添風味，讓烤色更美。一般市售的成人奶粉，於烘焙材料行可以買到小包裝。

● **玉米粉**

可以讓卡士達醬變得 Q 彈，一般超市就買得到。

● **糯米粉**

用來製作麻糬，一般超市就買得到。

● **杏仁粉**

烘焙專用的，是整顆杏仁打碎成粉，並沒有明顯的杏仁味，建議在烘焙材料行購買。

● **紫薯粉、草莓粉、南瓜粉**

為天然食物乾燥後打成粉，用於讓麵糰更有風味與繽紛，建議都在烘焙材料行購買。

● **砂糖、糖粉**

建議使用砂糖（細砂）來製作一般吐司麵包；糖粉的質地較細緻，是用來製作奶酥餡料及菠蘿皮時使用的。

● 水

夏天建議使用冰水，冬天則使用常溫水即可。

● 牛奶

一般市售鮮奶即可。

● 鮮奶油

使用的是動物性鮮奶油 。

● 雞蛋

雞蛋可以用來取代部分的水分，是天然的乳化劑，可以讓麵包更加柔軟。 用於菠蘿皮，則可以讓皮更有蛋香味，口感也比較鬆酥。

● 鹽巴

可以抑制麵糰過度發酵，也可以提味，增加麵糰彈性。

● 油脂

食材中的「油」，以常見的橄欖油、玄米油、葵花油、沙拉油都可以；沒有註明含鹽的「奶油」，都是無鹽奶油，使用前請先置於室溫軟化。

● 奶油乳酪 （cream cheese）

常被用來製作起司蛋糕，本書是用來作為麵包的內餡或是放在麵糰裡面取代奶油。

● 栗子

一般超商有販售，如統一生機的有機甘栗，拆封就可以立即食用。

● 耐烤巧克力豆

在烘焙材料行購買，通常都放在冷藏，烘烤之後若稍微融化是正常現象。

菠蘿皮製作方式

1. 奶油必須於室溫軟化，之後用打蛋器將奶油打軟 ❶。

2. 加入過篩的糖粉繼續用打蛋器打到均勻 ❷。

3. 分次加入蛋液，避免油水分離，每一次確認攪拌均勻之後再繼續加入 ❸。

4. 最後加入奶粉、過篩的低筋麵粉 ❹ 壓成麵糰之後，用保鮮膜包起來 ❺，進冰箱冷藏 30 分鐘（如果趕時間可以改冷凍 15 分鐘）。

● **在夏天製作菠蘿皮的時候，步驟 1 奶油軟化所需要的時間比較短，之後麵糰相對會比較軟，操作難度比較高，所以一定要確實放入冷藏讓菠蘿皮變硬了之後比較方便整形。**

5. 與麵包麵糰一起包裹之前，可以將菠蘿皮先分割好 ❻，蓋上菠蘿皮之前，建議將分割好的菠蘿皮放到冰箱備用，才不會因為菠蘿皮太過軟爛而增加整形的難度。

6. 菠蘿皮製作好，用保鮮膜包起來之後，冷藏可放 1 ～ 2 天，冷凍可放 1 ～ 2 週。

7. 冷凍過的菠蘿皮使用之前先退涼，待方便整形的軟硬度就可以使用。

● **可多做一些原味、巧克力菠蘿皮，然後保存在冷凍庫裡面，想做菠蘿麵包時就會省事很多 ❼。**

菠蘿麵包製作方式

1. 製作菠蘿皮（參考 P.13）。
2. 麵糰揉麵（約 15～20 分鐘）。
3. 室溫約 30 度一次發酵 50～60 分鐘。
4. 排氣、滾圓、醒麵（10 分鐘）。
5. 整形。
6. 二次發酵到 1.5～2 倍大（溫度 30～35 度，發酵約 40～60 分鐘不等）。
7. 烘烤（依麵包大小時間都不一樣）。

每一則食譜都有詳細介紹，而揉麵與一次發酵部分，會用麵包機操作，若沒有麵包機可參考以下手揉或攪拌器操作來進行揉麵與一次發酵喔！

● 麵包機操作

以 Panasonic 105T / 1000T 行程的內容與時間為例，如果使用不同品牌的麵包機，可以找相近的功能。

本書使用最多的麵包機功能為「麵包麵糰」，包含揉麵加一次發酵，總共需要 60 分鐘，最主要完成上述步驟 2 與步驟 3。

操作方法：將材料依順序
水 → 砂糖 → 酵母粉 → 麵粉 → 鹽巴 → 奶油放入麵包機，啟動「麵包麵糰」模式即可。

● 這樣做麵包更好吃！

1. 建議奶油在揉麵後約 3 分鐘再放入，麵糰狀態會更好。
2. 如果有時間的話，在「麵包麵糰」行程結束之後，讓麵糰繼續放在麵包機裡面 15～20 分鐘，一次發酵時間更足夠，也會讓麵包口感更佳！

少數食譜會用到以下功能

1. 「**烏龍麵糰**」（**揉麵**） 總共 15 分鐘。

2. 「**蔬食蛋糕**」/「**蒸麵包**」 為單純烘焙加熱，並不是真正「蒸」麵包或是烤蛋糕，總共 35 分鐘，烤一斤的土司 非常剛好。

● **手揉麵糰**

操作方法：將材料依順序

1. 水 → 砂糖 → 酵母粉 → 麵粉 → 鹽巴放入鋼盆 ❶，用木匙攪拌到稍微成糰 ❷ ❸，將麵糰移動到桌面上。

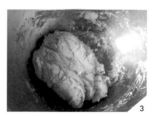

2. 如圖所示，將麵糰一前一後分開 ❹，再用刮板輔助捲起來 ❺，重複幾次到麵糰稍微不黏手。

3. 包入奶油 ❻❼，重複剛剛的動作 ❽，直到麵糰不黏手。

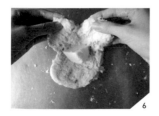

4. 改以雙手一起揉麵 **9**，一前一後 **10**，揉麵需要持續約 7 ～ 10 分鐘，直到麵糰呈現如圖片光滑為止 **11**。

5. 將麵糰放回鋼盆，用保鮮膜覆蓋，並放到烤箱內維持約 30 度左右的溫度發酵 60 分鐘。

6. 手沾手粉從中間戳一個洞，沒有回縮代表一次發酵完成 **12**，之後就照著食譜步驟分割、整形即可。

● **手揉的麵粉量建議不要超過 200g，否則會很吃力喔！**

● **攪拌器**

操作方法：將材料依順序

1. 水 → 砂糖 → 酵母粉 → 麵粉 → 鹽巴放入鋼盆 **13**，用勾狀的攪拌棒 **14**，轉最慢速讓所有材料都混合均勻 **15**，如果鋼盆有殘留的粉，記得用刮刀刮乾淨 **16**，再進行下一步。

 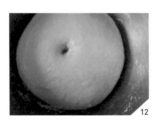 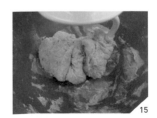

2. 不沾黏鋼盆之後，放入奶油 ⑰，先用慢速 1 ～ 2 分鐘確定奶油大致吸收。

3. 轉中速攪拌麵糰約 5 ～ 7 分鐘，直到麵糰拉出薄膜為止 ⑱。

4. 將麵糰放回鋼盆，用保鮮膜覆蓋，並放到烤箱內維持約 30 度左右的溫度發酵 60 分鐘。

5. 手沾手粉從中間戳一個洞，沒有回縮代表一次發酵完成，之後就照著食譜步驟分割、
   整形即可。

常見問題

● **菠蘿皮很黏很難整形**

菠蘿皮奶油量相對多，只要溫度稍微偏高奶油變軟，很容易黏手，建議如食譜中菠蘿皮麵糰製作完畢之後，用保鮮薄包好，放入冷藏 30 分鐘，等菠蘿皮比較硬之後，再開始整形。

擀菠蘿皮的時候，建議隔著保鮮膜擀平到適當大小之後 ❶ 再蓋到麵糰上 ❷。

 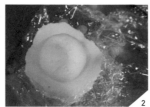

● **菠蘿麵包最終發酵**

菠蘿麵包與一般麵糰不一樣，因為上方蓋的菠蘿皮是餅乾麵糰，如果發酵溫度太高、濕度太高，餅乾麵糰會出油，之後烘烤出來的菠蘿皮會不平整也會比較不酥脆。

所以建議最終發酵溫度大約設定在 30 度左右，這樣菠蘿麵包會比較漂亮！

● **烤溫**

1. 這本書是使用水波爐的烤溫，若一般傳統烤箱的烤溫可能要比食譜溫度高 10 度左右。

2. 菠蘿皮是否要上色？表面一定要上色看起來才會好吃 ❸，所以上火烤溫不宜過低。相反的若是其他造型菠蘿不希望顏色過深，烤溫就可以低一些 ❹。

● 菠蘿皮分裂

菠蘿皮擀得太大,包覆的時候邊緣菠蘿皮重疊太多太厚,
烘烤之後就容易斷裂 ❺,外觀上會有影響 **(感謝讀者提供
照片)**。

● 菠蘿皮破裂

菠蘿皮要蓋在麵糰光滑面,不是蓋在麵糰的收口。
如果不小心蓋在麵糰的收口,菠蘿皮會因為麵糰發酵之後收口撐開而爆裂。

● 想吃純素的朋友

可以參考本書的黑芝麻菠蘿 (P.66) 、金雞報喜 (P.104) 、栗子菠蘿 (P.118) 的菠蘿皮也是
全素 **(麵包體內餡不是)** ,麵糰部分用植物油取代奶油。

全素的朋友可以利用這三個食譜任意搭配成不一樣的純素菠蘿喔!

Chapter 2.

百變菠蘿登場

1-1.
原味菠蘿

原味台式
菠蘿

熱量：278 kcal / 個

● **材料** Ingredients （8 人份）

菠蘿麵糰

奶油	50g
糖粉	50g
蛋液	24g
低筋麵粉	100g
奶粉	10g

麵包麵糰

高筋麵粉	250g
水	165g
砂糖	25g
酵母粉	2.5g
鹽巴	3g
奶油	25g

裝飾

蛋液	適量

● 作法 Step

菠蘿皮

1. 奶油打軟 ❶ 與糖粉用打蛋器打到均勻 ❷ ， 加入鹽巴繼續攪拌均勻。

2. 加入蛋液攪拌均勻 ❸ 。

3. 加入奶粉、過篩的低筋麵粉 ❹ 壓成麵糰之後進冰箱冷藏 30 分鐘。

4. 要使用時再從冰箱取出， 分成 8 等分搓成圓扁狀 ❺ 。

麵包

1. 麵包麵糰材料放入麵包機， 啟動「麵包麵糰」模式。

2. 取出麵糰分割成 8 等分滾圓靜置 10 分鐘， 再度排氣滾圓。

3. 菠蘿皮隔著保鮮膜擀平成直徑 10 公分的圓形，麵糰重新滾圓，分別蓋上菠蘿皮 ❻ ，包好 ❼ ，畫出三道紋路後轉 90 度再畫三道，放到烤盤上 ❽ 。

4. 進行二次發酵 50 ～ 60 分鐘 ❾ ，塗上蛋液 ❿ 。

5. 200 度烤 13 ～ 15 分鐘即完成。

● 本書所使用的「蛋液」皆使用「全蛋」。

1-2.
原味菠蘿

原味湯種
菠蘿

熱量：290 kcal / 個

● **材料** Ingredientss （5 人份）

菠蘿麵糰

奶油	35g
糖粉	30g
鹽巴	少許
蛋液	15g
低筋麵粉	65g
杏仁粉	10g

裝飾

蛋液	適量

麵包麵糰

湯種	50g
高筋麵粉	150g
水	70g
砂糖	15g
酵母粉	1.5g
鹽巴	2g
奶油	12g

● 作法 Step

菠蘿皮

1. 奶油打軟與糖粉用打蛋器打到均勻，加入鹽巴繼續攪拌均勻。

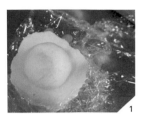

2. 加入蛋液攪拌均勻。

3. 加入杏仁粉、過篩的低筋麵粉壓成麵糰之後進冰箱冷藏 30 分鐘。

4. 要使用時再從冰箱取出，分割成 5 等分，每個搓成圓扁狀。

麵包

1. 麵包麵糰材料放入麵包機，啟動「麵包麵糰」模式。

2. 取出麵糰分割成 5 等分，滾圓靜置 10 分鐘。

3. 菠蘿皮隔著保鮮膜**擀**平成直徑 10 公分的圓形，麵糰重新滾圓，分別蓋上菠蘿皮 ❶，包好 ❷，畫出紋路 ❸，放到烤盤上。

4. 進行二次發酵 50 ～ 60 分鐘 ❹。

5. 烘烤之前，<u>塗上蛋液</u> ❺。

6. 200 度烤 13 ～ 15 分鐘即完成。

1-3.
原味菠蘿

日式菠蘿

熱量：265 kcal / 個

● **材料** Ingredientss 　6人份

菠蘿麵糰

奶油	36g
糖粉	36g
蛋液	27g
低筋麵粉	90g

麵包麵糰

高筋麵粉	150g
蛋液	20g
水	80g
砂糖	20g
酵母粉	1.5g
鹽巴	2g
奶油	15g

裝飾

砂糖	適量

● 作法 Step

菠蘿皮

1. 奶油打軟與糖粉用打蛋器打到均勻。

2. 分兩次加入蛋液攪拌均勻。

3. 加入過篩的低筋麵粉壓成麵糰之後進冰箱冷藏 30 分鐘。

4. 要使用時再從冰箱取出，分成 6 等分搓成圓扁狀。

麵包

1. 麵包麵糰材料放入麵包機，啟動「麵包麵糰」模式。

2. 麵糰分割成 6 等分滾圓靜置 10 分鐘，再度排氣滾圓。

3. 菠蘿皮隔著保鮮膜擀平成直徑 10 公分的圓形，麵糰重新滾圓，分別蓋上菠蘿皮包好 ❶ ，菠蘿皮沾上砂糖 ❷ ，畫出紋路放到烤盤上 ❸ 。

4. 進行二次發酵 50 ～ 60 分鐘。

5. 190 度烤 12 ～ 14 分鐘即完成。

● 日式菠蘿麵包的菠蘿皮分量相對比較厚，吃起來比台式菠蘿酥脆。

1-4.

原味菠蘿

港式菠蘿

熱量：285 kcal / 個

● **材料** Ingredientss 　5 人份

菠蘿麵糰

奶油	25g
糖粉	32g
蛋黃	1 顆
低筋麵粉	65g
奶粉	7g

裝飾

蛋液	適量

麵包麵糰

高筋麵粉	150g
水	100g
砂糖	10g
煉乳	10g
酵母粉	1.5g
鹽巴	2g
奶油	20g

● 作法 Step

菠蘿皮

1. 奶油打軟與糖粉用打蛋器打到均勻。

2. 加入蛋黃攪拌均勻。

3. 最後加入奶粉、過篩的低筋麵粉，壓成麵糰之後進冰箱冷藏 30 分鐘。

4. 要使用時再從冰箱取出，分成 5 等分搓成圓扁狀。

麵包

1. 麵包麵糰材料放入麵包機，啟動「麵包麵糰」模式。

2. 取出麵糰分割成 5 等分滾圓靜置 10 分鐘，再度排氣滾圓。

3. 菠蘿皮隔著保鮮膜擀平為 10 公分直徑的圓形，麵糰重新滾圓，分別蓋上菠蘿皮，包好❶，放到烤盤上❷。

4. 進行二次發酵 50 ～ 60 分鐘，塗上蛋液❸。

5. 200 度烤 13 ～ 14 分鐘即完成。

● 用蛋黃做出來的菠蘿皮，更有蛋香味，菠蘿皮也會更加鬆酥喔！

● 剩餘的蛋白可以用來製作馬卡龍麵包（作法詳見 P.132）。

● 要吃之前可以用 180 度回烤 5 分鐘，切開放上一片冰奶油就是最好吃的「冰火菠蘿油」！

1-5.
原味菠蘿

丹麥菠蘿

熱量：336 kcal / 個

 材料 Ingredients （8人份）

菠蘿麵糰

奶油	50g
糖粉	50g
蛋液	24g
低筋麵粉	100g
奶粉	10g

裝飾

| 杏仁粒 | 適量 |
| 蛋液 | 適量 |

麵包麵糰

法國麵粉	200g
蛋液	20g
水	100g
砂糖	20g
酵母粉	3.5g
鹽巴	4g
奶油	20g

內餡

| 奶油 | 90g |

● 作法 Step

菠蘿皮

1. 奶油打軟與糖粉用打蛋器打到均勻。

2. 加入蛋液攪拌均勻。

3. 加入奶粉、過篩的低筋麵粉壓成麵糰，用保鮮膜包起來之後進冰箱冷藏 30 分鐘。

4. 要使用時再從冰箱取出，分成 8 等分搓成圓扁狀。

麵包

1. 麵包麵糰材料放入麵包機，啟動「麵包麵糰」模式。

2. 趁機器運轉時，將奶油餡放入塑膠袋內，擀成 12 公分的正方形，放入冷藏。

3. 取出麵糰放入塑膠袋內，擀成 20 公分的正方形 ❶，封好放冷凍庫 20 分鐘。

4. 將塑膠袋剪開，取出麵糰，再取出奶油放到麵糰上 ❷，麵糰將奶油包入 ❸，接縫處捏緊。

5. 桌子上與麵糰上都撒適量手粉，用擀麵棍慢慢擀成 20×35 公分的長方形 ❹❺，摺兩折 ❻❼。

6. 放入塑膠袋進冷凍 10 分鐘，再換到冷藏 20 ～ 25 分鐘。

7. 重複步驟 5、6 兩次。

8. 將麵糰**擀**成 12×30 公分的長方形  ，切成 8 等分接近正方形的麵糰。

9. 菠蘿皮**擀**成約直徑 8 公分的圓形。

10. 麵糰分別蓋上菠蘿皮 **9** ，底部黏合包好並收圓 **10** 。

11. 進行二次發酵 60 分鐘 **11** 。

12. 塗上蛋液，撒上杏仁粒 **12** ， 200 度烤 13 ～ 15 分鐘即完成。

● 將麵糰長的時候可以多撒些手粉，這樣比較不會沾黏。

● 丹麥菠蘿難度很高，奶油容易融化，建議避免在夏天製作。

2-1.
菠蘿麵包的簡單變化

巨無霸
菠蘿

熱量：1056 kcal / 個

● **材料** Ingredientss （2人份）

菠蘿麵糰

奶油	43g
糖粉	43g
蛋液	20g
低筋麵粉	85g
奶粉	8g

麵包麵糰

高筋麵粉	250g
蛋液	30g
水	135g
砂糖	25g
酵母粉	2.5g
鹽巴	3g
奶油	25g

裝飾

蛋液	適量

● **作法** Step

菠蘿皮

1. 奶油打軟與糖粉用打蛋器打到均勻。

2. 加入蛋液攪拌均勻。

3. 加入奶粉、過篩的低筋麵粉壓成麵糰之後進冰箱冷藏 30 分鐘。

4. 要使用時再從冰箱取出，分成 2 等分。

麵包

1. 麵包麵糰材料放入麵包機，啟動「麵包麵糰」模式。

2. 取出麵糰分割成 2 等分滾圓靜置 10 分鐘 ❶，再度排氣滾圓。

3. 菠蘿皮隔著保鮮膜**擀**平壓平，分別將麵糰蓋上菠蘿皮 ❷，包好畫上紋路，放到烤盤上 ❸。

4. 進行二次發酵 50 ～ 60 分鐘，塗上蛋液❹。

5. 190 度烤 17 ～ 18 分鐘即完成。

● 菠蘿很大，適合送禮、多人一起享用。

2-2.
菠蘿麵包的簡單變化

迷你菠蘿

熱量：106kcal / 個

● **材料** Ingredientss （12人份）

菠蘿麵糰

奶油	25g
糖粉	30g
蛋液	12g
低筋麵粉	50g
奶粉	5g

麵包麵糰

高筋麵粉	150g
蛋液	20g
水	80g
砂糖	15g
酵母粉	1.5g
鹽巴	2g
奶油	15g

裝飾

蛋液	適量

● **作法** Step

菠蘿皮

1. 奶油打軟與糖粉用打蛋器打到均勻。

2. 加入蛋液攪拌均勻。

3. 加入奶粉、過篩的低筋麵粉，壓成麵糰之後進冰箱冷藏 30 分鐘。

4. 要使用時再從冰箱取出。

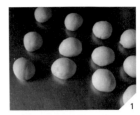

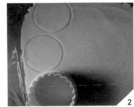

麵包

1. 麵包麵糰材料放入麵包機，啟動「麵包麵糰」模式。

2. 取出麵糰分割成 12 等分滾圓靜置 10 分鐘 ❶ 。

3. 菠蘿皮隔著保鮮膜 平成約 16×12 公分的長方形，使用直徑約 4.5 公分圓形圈模壓出菠蘿皮的形狀 ❷ 。

4. 麵糰重新滾圓，分別蓋上菠蘿皮，包好畫上紋路 ❸ ，放到烤盤上。

5. 進行二次發酵 50 ～ 60 分鐘，塗上蛋液。

6. 210 度烤 11 分鐘即完成。

2-3.
菠蘿麵包的簡單變化

香草
卡士達
菠蘿

熱量：380 kcal / 個

● **材料** Ingredientss （5人份）

菠蘿麵糰		麵包麵糰	
奶油	32g	高筋麵粉	150g
糖粉	32g	鮮奶油	78g
蛋液	15g	水	40g
低筋麵粉	63g	砂糖	15g
奶粉	6g	酵母粉	1.5g
		鹽巴	2g
裝飾		奶油	8g
蛋液	適量		

內餡

卡士達醬	150g

（作法詳見 P.140）

● 作法 Step

菠蘿皮

1. 奶油打軟與糖粉用打蛋器打到均勻。

2. 加入蛋液攪拌均勻。

3. 加入奶粉、過篩的低筋麵粉壓成麵糰之後進冰箱冷藏 30 分鐘。

4. 要使用時再從冰箱取出，分成 5 等分搓成圓扁狀。

麵包

1. 麵包麵糰材料放入麵包機，啟動「麵包麵糰」模式。

2. 取出麵糰分割成 5 等分滾圓靜置 10 分鐘，再度排氣滾圓。

3. 麵糰拍平，分別包入 30g 的卡士達醬 ❶，先從四邊角收起來 ❷，再完整包覆。之後，將菠蘿皮擀平蓋到麵糰上，畫上紋路 ❸。

4. 進行二次發酵 50 ～ 60 分鐘，塗上蛋液❹。

5. 200 度烤 13 ～ 15 分鐘即完成。

● 這篇的麵包麵糰比較柔軟細緻，搭配香草卡士達醬非常好吃喔！

2-4.
菠蘿麵包的簡單變化

奶酥菠蘿

熱量：465 kcal / 個

● **材料** Ingredientss （5 人份）

菠蘿麵糰

奶油	32g
糖粉	32g
蛋液	15g
低筋麵粉	63g
奶粉	6g

裝飾

蛋液	適量
白芝麻	適量

麵包麵糰

高筋麵粉	150g
鮮奶油	78g
水	40g
砂糖	15g
酵母粉	1.5g
鹽巴	2g
奶油	8g

內餡

奶酥	150g

（作法詳見 P.134）

● 作法 Step

菠蘿皮

1. 奶油打軟與糖粉用打蛋器打到均勻。

2. 加入蛋液攪拌均勻。

3. 加入奶粉、過篩的低筋麵粉，壓成麵糰之後進冰箱冷藏 30
   分鐘 。

4. 要使用時再從冰箱取出，分成 5 等分搓成圓扁狀。

麵包

1. 麵包麵糰材料放入麵包機，啟動「麵包麵糰」模式。

2. 將奶酥分成 5 等分，搓成圓形，放入冷藏備用。

3. 取出麵糰分割成 5 等分滾圓靜置 10 分鐘，再度排氣滾圓。

4. 麵糰拍平分別包入 30g 的奶酥 ❶，先從四邊角收起來 ❷，
   再完整包覆。

5. 菠蘿皮隔著保鮮膜擀成直徑約 10 公分的圓形，整糰分別
   蓋上菠蘿皮，包好畫上紋路，放到烤盤上 ❸。

6. 進行二次發酵 50 ～ 60 分鐘，塗上蛋液，撒上適量白芝麻。

7. 200 度烤 13 ～ 15 分鐘即完成。

● 這款麵包麵糰比較柔軟細緻，跟傳統奶酥麵包口感會有些不一樣喔！

3-1.

多變菠蘿

奶油花生
夾餡菠蘿

熱量：389 kcal / 個

● **材料** Ingredients （8 人份）

菠蘿麵糰

奶油	43g
糖粉	43g
蛋液	20g
低筋麵粉	85g
奶粉	8g

裝飾

蛋液	適量
花生粉	適量

麵包麵糰

高筋麵粉	230g
低筋麵粉	20g
蛋液	30g
水	135g
砂糖	25g
酵母粉	2.5g
鹽巴	3g
奶油	25g

內餡

奶油霜	120g

（作法詳見 P.144）

● 作法 Step

菠蘿皮

1. 奶油打軟與糖粉用打蛋器打到均勻。

2. 加入蛋液攪拌均勻。

3. 加入奶粉、過篩的低筋麵粉，壓成麵糰之後進冰箱冷藏 30 分鐘。

4. 要使用時再從冰箱取出，分成 8 等分搓成圓扁狀。

麵包

1. 麵包麵糰材料放入麵包機，啟動「麵包麵糰」模式。

2. 取出麵糰分割成 8 等分滾圓靜置 10 分鐘 ❶，擀成橢圓形 ❷，捲起來成為長條形 ❸。

3. 菠蘿皮隔著保鮮膜**擀**平，分別放上長條麵糰 ❹，包好放到烤盤上。

4. 進行二次發酵 50 ～ 60 分鐘 ❺，塗上蛋液 ❻。

5. 200 度烤 13 〜 15 分鐘 。

6. 麵包冷卻之後從表面對切 ，但是不要切斷 。

7. 在背面塗上奶油霜 **❽**，之後對折，麵包接縫處也塗上
   奶油霜， 沾上適量花生粉即完成 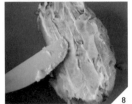。

● 奶油霜分量並不算多，可以自行增加分量。

● 花生粉如果買炒過的熟花生再打碎，可以自己決定花生粉的顆粒大
  小，會有不一樣的口感。

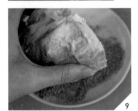

3-2.
多變菠蘿

布丁菠蘿

熱量：350kcal / 個

● **材料** Ingredients （6人份）

菠蘿麵糰

奶油	37g
糖粉	37g
蛋液	18g
低筋麵粉	75g
奶粉	8g

麵包麵糰

高筋麵粉	200g
水	140g
砂糖	20g
酵母粉	2g
鹽巴	2g
奶油	20g

內餡

市售布丁	2〜3杯
	（300g）

● 作法 Step

菠蘿皮

1. 奶油打軟與糖粉用打蛋器打到均勻。

2. 加入蛋液攪拌均勻。

3. 加入奶粉、過篩的低筋麵粉壓成麵糰之後進冰箱冷藏 30 分鐘。

4. 要使用時再從冰箱取出,分成 6 等分搓成圓扁狀 ❺ 。

麵包

1. 麵包麵糰材料放入麵包機,啟動「麵包麵糰」模式。

2. 取出麵糰分割成 6 等分滾圓靜置 10 分鐘,再度排氣滾圓。

3. 菠蘿皮隔著保鮮膜擀平為直徑 10 公分的圓形,麵糰重新滾圓,分別蓋上菠蘿皮包好,放到烤盤上 ❶ 。

4. 進行二次發酵 50 ～ 60 分鐘 ❷,入爐前將小烤盅放到麵糰上方 ❸,壓上網架 ❹,增加重量 。

5. 210 度烤 13 ～ 15 分鐘 ❺,取出小烤盅將麵包放涼 ❻。

6. 布丁隔水加熱融化之後 ❼ ,將適量的布丁液倒入菠蘿麵包凹槽中,待凝固即完成!

● 布丁不建議使用烤布蕾,請使用一般布丁。

● 如果擔心小烤盅會沾黏在麵包上,可以在杯子底部塗抹奶油。

● 本篇使用直徑約 4.5 公分的布丁杯。

3-3.
多變菠蘿

牛角菠蘿

熱量：306 kcal / 個

● **材料** Ingredients （6人份）

菠蘿麵糰

奶油	35g
糖粉	30g
蛋液	17g
低筋麵粉	70g
奶粉	10g

裝飾

蛋液	適量
杏仁片	適量

麵包麵糰

高筋麵粉	100g
低筋麵粉	100g
蛋液	25g
水	85g
酵母粉	1.5g
砂糖	25g
奶粉	18g
鹽巴	3g
奶油	25g

● 作法 Step

菠蘿皮

1. 奶油打軟與糖粉用打蛋器打到均勻。

2. 加入蛋液攪拌均勻。

3. 加入奶粉、過篩的低筋麵粉，壓成麵糰之後進冰箱冷藏 30 分鐘。

4. 要使用時再從冰箱取出，分成 6 等分 ❺。

麵包

1. 麵包麵糰材料放入麵包機，啟動「烏龍麵糰」打 15 分鐘，之後靜置 5 分鐘。

2. 取出麵糰擀成 25 × 20 公分的長方形 ❶，對折之後再度擀成長方形 ❷，重複 7 ～ 10 次。

3. 最後一次如果麵糰回縮很厲害，請靜置 5 ～ 10 分鐘，之後擀成一樣大小的長方形並捲起來 ❸。

4. 分割成 6 等分 ❹，將麵糰收為圓形 ❺，靜置 10 分鐘後搓成水滴狀 ❻。

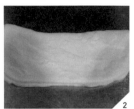

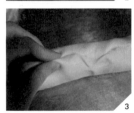

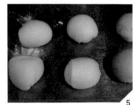

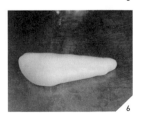

5. 水滴狀麵糰擀成約 35 公分長 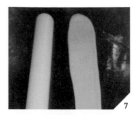，最上方切 2 公分缺口 ，之後往下捲 ，捲成牛角狀 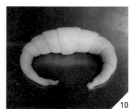。

6. 菠蘿皮隔著保鮮膜擀成長方形，分別蓋在牛角中間 ，包好 。

7. 靜置發酵約 30 ～ 35 分鐘，入烤箱前塗上蛋液，放上杏仁片，190 度烤 14 ～ 15 分鐘即完成。

● 步驟 5 長的過程中，如果有回縮，將麵糰靜置 5 分鐘後再開始擀。

● 牛角整形難度比較高，多練習幾次會越來越好！

3-4.
多變菠蘿

抹茶麻糬

熱量：298 kcal / 個

● **材料** Ingredients　 6人份

菠蘿麵糰		麵包麵糰	
奶油	35g	高筋麵粉	146g
糖粉	30g	抹茶粉	4g
牛奶	15g	鮮奶	66g
低筋麵粉	66g	水	40g
抹茶粉	4g	砂糖	20g
		酵母粉	1.5g
裝飾		鹽巴	2g
砂糖	適量	奶油	15g

內餡

麻糬	180g （作法詳見 P.152）

● 作法 Step

菠蘿皮

1. 奶油打軟與糖粉用打蛋器打到均勻。

2. 加入牛奶攪拌均勻。

3. 加入過篩的低筋麵粉、抹茶粉壓成麵糰之後進冰箱冷藏 30 分鐘。

4. 要使用時再從冰箱取出，分割成 6 等分。

麵包

1. 麵包麵糰材料放入麵包機，啟動「麵包麵糰」模式。

2. 將烘焙紙裁成 5 公分的高度，放入圈模裡（使用直徑約 8 公分圈模）❶。

3. 取出麵糰分割成 6 等分滾圓 ❷ 靜置 10 分鐘，分別包入 30g 麻糬 ❸。

4. 菠蘿皮隔著保鮮膜擀平為直徑 8 公分的圓形，麵糰分別蓋上菠蘿皮 ❹，包好沾上砂糖，畫出紋路 ❺ 放到烤盤上。

5. 進行二次發酵 50 ～ 60 分鐘 ❻。

6. 190 度烤 13 ～ 14 分鐘即完成。

● 食譜使用 SN3218 圈模，如果沒有圈模，可以直接忽略，烘烤時間縮短 1 ～ 2 分鐘。

● 菠蘿皮的紋路可以畫也可以不畫，自然裂開的紋路也很漂亮。

● 建議用塑膠手套或是塑膠袋沾點油再拿取麻糬，比較不會沾黏。

3-5.
多變菠蘿

紫薯菠蘿

熱量 : 280 kcal / 個

● **材料** Ingredients 5人份

菠蘿麵糰		麵包麵糰	
奶油	30g	高筋麵粉	150g
糖粉	30g	蛋液	20g
蛋液	18g	水	80g
低筋麵粉	62g	砂糖	15g
紫薯粉	8g	酵母粉	1.5g
		鹽巴	2g
裝飾		奶油	15g
砂糖	適量		

菠蘿皮

1. 奶油打軟與糖粉用打蛋器打到
   均勻。

2. 加入蛋液攪拌均勻。

3. 加入紫薯粉、過篩的低筋麵粉
   攪拌均勻。

4. 揉成直徑約 3 公分的圓柱體 ❶，
   用保鮮膜包裹之後進冰箱冷藏
   30 分鐘。

5. 要使用時再從冰箱取出，分割
   成 5 等分。

麵包

1. 麵包麵糰材料放入麵包機，啟
   動「麵包麵糰」模式。

2. 取出麵糰，分割成 5 等分 ❷，
   滾圓靜置 10 分鐘。

3. 將菠蘿皮分割成 5 等分 ❸。

4. 菠蘿皮隔著保鮮膜擀平壓成直
   徑約 10 公分的圓形。

5. 麵糰重新滾圓，分別蓋上菠蘿
   皮 ❹，包好，菠蘿皮那面沾上
   砂糖 ❺，畫上貝殼紋路 ❻。

6. 進行二次發酵 50 ～ 60 分鐘 ❼。

7. 烤箱預熱 190 度，烘烤 13 ～ 14 分鐘即完成。

● 為了讓紫薯顏色可以保持原本的色澤，烤溫不建議太高。

● 可以讓菠蘿皮自然裂，也可以用刀子畫出如貝殼般的紋路，都很
  美喔！

3-6.
多變菠蘿

巧克力豆
菠蘿

熱量：307 kcal / 個

 材料 Ingredientss 5人份

菠蘿麵糰

奶油	35g
糖粉	30g
蛋液	17g
低筋麵粉	70g
耐烤巧克力豆	25g

麵包麵糰

高筋麵粉	150g
水	100g
砂糖	15g
酵母粉	1.5g
鹽巴	2g
奶油	15g

● 作法 Step

菠蘿皮

1. 奶油打軟與糖粉用打蛋器打到均勻。

2. 加入蛋液攪拌均勻。

3. 加入過篩的低筋麵粉壓成麵糰，再放入巧克力豆拌勻 ❶，放進冰箱冷藏 30 分鐘 ❷。

4. 要使用時再從冰箱取出，分割成 5 等分 ❸ 。

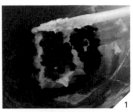

麵包

1. 麵包麵糰材料放入麵包機，啟動「麵包麵糰」模式。

2. 取出麵糰分割成 5 等分滾圓靜置 10 分鐘。

3. 菠蘿皮隔著保鮮膜擀平為直徑 10 公分的圓形。

4. 麵糰重新滾圓，分別蓋上菠蘿皮 ❹，包好放到烤盤上。

5. 進行二次發酵 50 ～ 60 分鐘 ❺ 。

6. 190 度烤 12 ～ 14 分鐘即完成。

3-7.
多變菠蘿

巧克力
菠蘿

熱量：295 kcal / 個

● **材料** Ingredientss （5人份）

菠蘿麵糰

奶油	35g
糖粉	30g
蛋液	18g
低筋麵粉	63g
可可粉	7g

裝飾

砂糖	適量

麵包麵糰

高筋麵粉	140g
可可粉	10g
牛奶	55g
水	50g
砂糖	20g
酵母粉	1.5g
鹽巴	2g
奶油	15g

● 作法 Step

菠蘿皮

1. 奶油打軟與糖粉用打蛋器打到均勻，加入鹽巴繼續攪拌均勻。

2. 加入蛋液攪拌均勻。

3. 加入過篩的低筋麵粉、可可粉壓成麵糰之後進冰箱冷藏30 分鐘。

4. 要使用時再從冰箱取出，分割成 5 等分。

麵包

1. 麵包麵糰材料放入麵包機，啟動「麵包麵糰」模式。

2. 取出麵糰分割成 5 等分滾圓靜置 10 分鐘。

3. 菠蘿皮隔著保鮮膜擀平為直徑 10 公分的圓形。

4. 麵糰重新滾圓，分別蓋上菠蘿皮 ❶，包好沾上砂糖 ❷，放到烤盤上。

5. 進行二次發酵 50 ～ 60 分鐘 ❸。

6. 200 度烤 12 ～ 14 分鐘即完成。

3-8.
多變菠蘿

檸檬菠蘿

熱量：340 kcal / 個

● **材料** Ingredientss （5人份）

菠蘿麵糰

奶油	35g
糖粉	35g
低筋麵粉	70g
檸檬汁	7g
檸檬皮（刨絲）	1/4 顆

裝飾

| 砂糖 | 適量 |

麵包麵糰

高筋麵粉	150g
原味優格	36g
水	70g
砂糖	15g
酵母粉	1.5g
鹽巴	2g
奶油	15g

內餡

| 檸檬乳酪 | 100g |
| **（作法詳見 P.138）** | |

● 作法 Step

菠蘿皮

1. 奶油打軟與糖粉用打蛋器打到均勻。

2. 加入檸檬汁、檸檬皮攪拌均勻 **①**。

3. 加入過篩的低筋麵粉壓成麵糰之後進冰箱冷藏 30 分鐘。

4. 要使用時再從冰箱取出，分割成 5 等分。

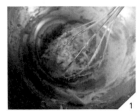

麵包

1. 麵包麵糰材料放入麵包機，啟動「麵包麵糰」模式。

2. 取出麵糰分割成 5 等分滾圓靜置 10 分鐘，分別包入 20g 的檸檬乳酪 **②**。

3. 菠蘿皮隔著保鮮膜擀平為直徑 10 公分的圓形 **③**。

4. 麵糰重新滾圓，分別蓋上菠蘿皮，包好沾上砂糖 **④**，放到烤盤上。

5. 進行二次發酵 50 ～ 60 分鐘。

6. 190 度烤 12 ～ 14 分鐘即完成。

● 檸檬酸味可依個人喜好調整。

3-9.
多變菠蘿

伯爵茶
菠蘿

熱量：232 kcal / 個

● **材料** Ingredients （8 人份）

菠蘿麵糰

奶油	25g
糖粉	30g
奶茶	30g
低筋麵粉	95g
伯爵茶粉	1g

奶茶

鮮奶油	100g
伯爵茶	3g

裝飾

砂糖	適量

麵包麵糰

高筋麵粉	150g
奶茶	40g
水	70g
砂糖	15g
酵母粉	1.5g
鹽巴	2g
奶油	15g

內餡

生巧克力	40g

（作法詳見 P.142）

● 作法 Step

菠蘿皮

1. 將鮮奶油、伯爵茶一起煮到小滾 靜置 5 分鐘，濾渣之後，放涼備用。

2. 奶油打軟與糖粉用打蛋器打到均勻。

3. 加入奶茶攪拌均勻。

4. 加入茶粉、過篩的低筋麵粉壓成麵糰之後進冰箱冷藏 30 分鐘。

5. 要使用時再從冰箱取出，分成 8 等分搓成圓形 ❶。

麵包

1. 麵包麵糰材料放入麵包機，啟動「麵包麵糰」模式。

2. 取出麵糰分割成 8 等分滾圓靜置 10 分鐘 ❷。

3. 麵糰**擀**成橢圓形分別放入 5g 生巧克力 ❸，包好 ❹。

4. 菠蘿皮隔著保鮮膜**擀**平成橢圓形，將麵糰蓋上菠蘿皮包好 ❺。

5. 菠蘿皮沾上適量砂糖 ❻，畫出橫條，放到烤盤上 ❼。

6. 進行二次發酵 40 ～ 50 分鐘。

7. 190 度烤 11 ～ 13 分鐘即完成。

● 這配方的菠蘿皮比例比較高，包裹著入口即化的巧克力，化身成為下午茶的甜點！

3-10.
多變菠蘿

黑糖麻糬
菠蘿

熱量：346 kcal / 個

● **材料** Ingredientss (5人份)

菠蘿麵糰

奶油	35g
黑糖	30g
蛋液	17g
低筋麵粉	70g

裝飾

蛋液	適量

內餡

黑糖 QQ	150g

（作法詳見 P.150）

麵包麵糰

高筋麵粉	150g
蛋液	20g
水	80g
砂糖	15g
酵母粉	1.5g
鹽巴	2g
奶油	20g

● 作法 Step

菠蘿皮

1. 奶油打軟與黑糖用打蛋器打到均勻 ❶。

2. 加入蛋液攪拌均勻。

3. 加入過篩的低筋麵粉，壓成麵糰之後進冰箱冷藏 30 分鐘。

4. 要使用時再從冰箱取出，分成 5 等分搓成圓扁狀。

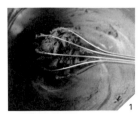

麵包

1. 麵包麵糰材料放入麵包機，啟動「麵包麵糰」模式。

2. 取出麵糰分割成 5 等分滾圓靜置 10 分鐘，拍平分別包入 30g 黑糖 QQ ❷。

3. 菠蘿皮隔著保鮮膜擀平，麵糰蓋上菠蘿皮 ❸，放到烤盤上 ❹。

4. 進行二次發酵 50 ～ 60 分鐘，塗上蛋液 ❺。

5. 200 度烤 13 ～ 15 分鐘即完成。

● 建議用塑膠手套或是塑膠袋沾點油再拿取黑糖 QQ，比較不會沾黏。

3-11.
多變菠蘿

黑芝麻
全素菠蘿

熱量：270 kcal / 個

● **材料** Ingredientss （5人份）

菠蘿麵糰

低筋麵粉	65g
黑芝麻	20g
糖粉	20g
油	16g
水	20g

麵包麵糰

高筋麵粉	140g
黑芝麻粉	15g
水	100g
砂糖	15g
酵母粉	1.5g
鹽巴	2g
油	10g

裝飾

砂糖（可省略）	適量

● 作法 Step

菠蘿皮

1. 低筋麵粉以及糖粉過篩，與黑芝麻一起放在鋼盆裡面。

2. 加入油大致攪拌均勻 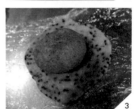。

3. 最後加水，壓成麵糰之後進冰箱冷藏 30 分鐘。

4. 要使用時再從冰箱取出，分割成 5 等分 ❷。

麵包

1. 麵包麵糰材料放入麵包機，啟動「麵包麵糰」模式。

2. 取出麵糰分割成 5 等分滾圓，靜置 10 分鐘再度滾圓。

3. 菠蘿皮隔著保鮮膜擀平，麵糰蓋上菠蘿皮包好 ❸，表面沾適量砂糖，放到烤盤上 ❹。

4. 進行二次發酵 50 ～ 60 分鐘 ❺。

5. 190 烤 12 ～ 14 分鐘即完成。

3-12.
多變菠蘿

地瓜菠蘿

熱量：330 kcal / 個

● **材料** Ingredientss　（5人份）

菠蘿麵糰

奶油	35g
糖粉	30g
蛋液	20g
低筋麵粉	70g
奶粉	10g

裝飾

蛋液	適量

投料

黑芝麻	15g

麵包麵糰

高筋麵粉	150g
水	100g
砂糖	15g
酵母粉	1.5g
鹽巴	2g
奶油	15g

內餡

市售烤地瓜	150g

● **作法** Step

菠蘿皮

1. 奶油打軟與糖粉用打蛋器打到均勻。

2. 加入蛋液攪拌均勻。

3. 加入奶粉、過篩的低筋麵粉壓成麵糰之後進冰箱冷藏 30 分鐘。

4. 要使用時再從冰箱取出，分成 5 等分搓成圓扁狀。

麵包

1. 麵包麵糰材料放入麵包機，黑芝麻放入投料盒，啟動「麵包麵糰」模式。

2. 取出麵糰分割成 5 等分滾圓，靜置 10 分鐘 ❶ 。

3. 烤地瓜切成條狀 ❷，麵糰擀成橢圓形，放入地瓜 ❸，包起來 ❹ 。

4. 菠蘿皮隔著保鮮膜擀平為橢圓形 ❺ 。

5. 分別蓋上菠蘿皮，放到烤盤上 ❻ 。

6. 進行二次發酵 50 ～ 60 分鐘，塗上蛋液 ❼ 。

7. 200 度烤 13 ～ 14 分鐘即完成。

● **市售的烤地瓜，建議放涼或是冷藏過會比較好切。**

3-13.

多變菠蘿

叉燒菠蘿

🥄 熱量：300 kcal / 個

● **材料** Ingredientss 〔8人份〕

墨西哥麵糊

奶油	50g
糖粉	50g
蛋液	50g
低筋麵粉	55g

內餡

| 叉燒肉末 | 180g | |
| 叉燒醬 | 100g |

（作法詳見 P.146）

麵包麵糰

高筋麵粉	150g
水	100g
砂糖	15g
酵母粉	1.5g
鹽巴	2g
奶油	18g

● 作法 Step

墨西哥麵糊 （圖片可參考 P.93 巴布羅吐司）

1. 奶油打軟，加入糖粉攪拌到稍微顏色稍微變淺。

2. 分次加入蛋液攪拌均勻。

3. 放入過篩的麵粉拌勻。

4. 裝入擠花袋中備用。

麵包

1. 將內餡材料混合備用。

2. 麵包麵糰材料放入麵包機，啟動「麵包麵糰」模式。

3. 取出麵糰分割成 8 等分 ❷，滾圓靜置 10 分鐘。

4. 拍平麵糰分別包入 35g 的叉燒餡料 ❸ ❹。

5. 進行二次發酵 30 ～ 40 分鐘。

6. 烘烤之前，擠上墨西哥麵糊 ❺。

7. 烤箱預熱 200 度，烘烤 11 ～ 12 分鐘即完成。

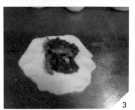

● 墨西哥麵糊如果薄一點會比較脆，厚一點味道比較濃郁，可以依個人口
　味調整。

● 剩餘的墨西哥麵糊請放於冰箱保存，或是直接擠到馬芬模型裡面用 180
　度烘烤到熟透，做成蛋糕。

3-14.
多變菠蘿

流沙
鹹奶酥
菠蘿

 熱量：292 kcal / 個

● **材料** Ingredientss （8人份）

墨西哥麵糊

奶油	50g
糖粉	50g
蛋液	50g
低筋麵粉	55g

內餡

鹹奶酥	210g

（作法詳見 P.148）

麵包麵糰

高筋麵粉	150g
水	100g
砂糖	15g
酵母粉	1.5g
鹽巴	2g
奶油	18g

● 作法 Step

墨西哥麵糊

1. 奶油打軟，加入糖粉攪拌到顏色稍微變淺。

2. 分次加入蛋液攪拌均勻。

3. 放入過篩的麵粉拌勻。

4. 裝入擠花袋中備用。

麵包

1. 麵包麵糰材料放入麵包機，啟動「麵包麵糰」模式。

2. 將鹹奶酥分成 8 等分 ❶，再度放回冰箱冷藏。

3. 取出麵糰分割成 8 等分 ❷，滾圓靜置 10 分鐘。

4. 拍平麵糰分別包入 20g 的鹹奶酥餡料 ❸ ❹。

5. 進行二次發酵 30 ～ 40 分鐘。

6. 烘烤之前，擠上墨西哥麵糊 ❺。

7. 烤箱預熱 200 度，烘烤 11 ～ 12 分鐘即完成。

3-15.
多變菠蘿

肉鬆海苔
菠蘿

熱量：406 kcal / 個

● **材料** Ingredientss （4人份）

菠蘿麵糰		麵包麵糰	
奶油	35g	高筋麵粉	150g
糖粉	30g	湯種	50g
蛋液	17g	（作法詳見 P.154）	
低筋麵粉	60g	水	70g
奶粉	10g	砂糖	15g
裝飾		酵母粉	1.5g
蛋液	適量	鹽巴	2.5g
		奶油	15g

內餡	
肉鬆	適量
海苔	適量

● 作法 Step

菠蘿皮

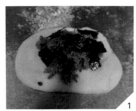

1. 奶油打軟與糖粉用打蛋器打到均勻。

2. 加入蛋液攪拌均勻。

3. 最後加入奶粉、過篩的低筋麵粉壓成麵糰之後進冰箱冷藏 30 分鐘，

4. 要使用時再從冰箱取出，分成 4 等分。

麵包

1. 麵包麵糰材料放入麵包機，啟動「麵包麵糰」。

2. 取出麵糰分割成 4 等分，滾圓靜置 10 分鐘。

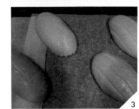

3. 擀平之後放入肉鬆與海苔 ❶，包起來 ❷。

4. 菠蘿皮隔著保鮮膜擀平，麵糰分別蓋上菠蘿皮，畫出直條紋路，放到烤盤上。

5. 進行二次發酵 50 ～ 60 分鐘。

6. 烘烤之前，塗上蛋液 ❸。

7. 烤箱預熱 190 度，烘烤 13 ～ 15 分鐘即完成。

● 這款菠蘿的分量比較大，飽足感十足！

3-16.
多變菠蘿

鹽之花
鹹奶油
菠蘿

熱量：218 kcal / 個

● **材料** Ingredientss （9 人份）

菠蘿麵糰

奶油	35g
糖粉	35g
蛋液	17g
低筋麵粉	70g
奶粉	10g

裝飾

蛋液	適量
鹽之花	適量

麵包麵糰

高筋麵粉	180g
低筋麵粉	20g
水	130g
砂糖	25g
酵母粉	2g
鹽巴	2g
奶油	20g

內餡

有鹽奶油	36g

● **作法** Step

菠蘿皮

1. 奶油打軟與糖粉用打蛋器打到均勻。

2. 加入蛋液攪拌均勻。

3. 加入奶粉、過篩的低筋麵粉壓成麵糰之後進冰箱冷藏 30 分鐘。

4. 要使用時再從冰箱取出。

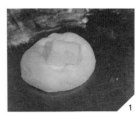

麵包

1. 麵包麵糰材料放入麵包機，啟動「麵包麵糰」模式。

2. 取出麵糰分割成 9 等分滾圓靜置 10 分鐘，分別包入 4g 奶油 ❶，收口收緊 ❷。

3. 菠蘿皮隔著保鮮膜擀平成 25 公分的正方形 ❸，取麵糰重新滾圓分別蓋上菠蘿皮 ❹，畫出紋路放到烤盤上 ❺。

4. 進行二次發酵 60 分鐘，塗上蛋液 ❻，撒上適量鹽之花。

5. 200 度烤 14 ～ 16 分鐘即完成。

4-1.
台灣在地創意菠蘿

脆皮草莓吐司

熱量：232 kcal / 片

● **材料** Ingredientss （6人份）

菠蘿麵糰

奶油	12g
糖粉	15g
低筋麵粉	43g
草莓（切丁）	20g

裝飾

砂糖	適量

麵包麵糰

高筋麵粉	220g
草莓	85g
水	70g
砂糖	20g
酵母粉	2.5g
鹽巴	3g
奶油	20g

● 作法 Step

菠蘿皮

1. 奶油打軟與糖粉用打蛋器打到均勻 ❶。

2. 加入過篩的麵粉，大致攪拌均勻。

3. 最後草莓丁壓成麵糰，用保鮮膜包起來之後進冰箱冷藏 30 分鐘 ❷，要使用時再從冰箱取出。

麵包

1. 麵包麵糰材料放入麵包機，啟動「麵包麵糰」模式。

2. 取出麵糰排氣滾圓靜置 10 分鐘 ❸。

3. 擀成 20 × 25 公分的長方形，將兩邊往中間摺 ❹ ❺，再捲起來 ❻。

4. 菠蘿皮隔著保鮮膜擀平成 10 × 15 公分的長方形，覆蓋在麵糰上方，沾取適量的砂糖 ❼。

5. 放回麵包機進行二次發酵 60 ～ 90 分鐘 ❽。

6. 啟動「蔬食蛋糕」模式自行計時 35 ～ 40 分鐘即完成。

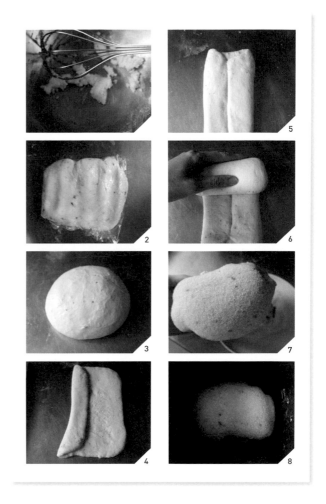

● 步驟 6 中，麵包機只要使用單獨烘烤功能即可。

● 冬天因為室溫較低，發酵時間比較長是正常現象。

4-2.
多變菠蘿

芒果菠蘿

熱量：300 kcal / 個

● **材料** Ingredientss （5人份）

菠蘿麵糰

奶油	30g
糖粉	25g
低筋麵粉	70g
芒果泥	22g

投料

芒果乾	30g

（剪小片 ）

麵包麵糰

高筋麵粉	150g
芒果泥	40g
水	60g
砂糖	15g
酵母粉	1.5g
鹽巴	2g
奶油	20g

裝飾

砂糖	適量

● **作法** Step

菠蘿皮

1. 奶油打軟與糖粉用打蛋器打到均勻。

2. 加入過篩的低筋麵粉，搓成粉狀 **②**。

3. 加入芒果泥壓成麵糰之後進冰箱冷藏 30 分鐘。

4. 要使用時再從冰箱取出，分成 5 等分。

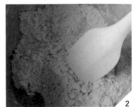

麵包

1. 麵包麵糰材料放入麵包機，芒果乾放入投料盒，啟動「麵包麵糰」模式。

2. 取出麵糰分割成 5 等分滾圓，靜置 10 分鐘 **③**。

3. 菠蘿皮隔著保鮮膜 平為直徑 10 公分的圓形，麵糰分別蓋上菠蘿皮 **④**，沾上砂糖，放到烤盤上。

4. 進行二次發酵 50 ～ 60 分鐘 **⑤**。

5. 190 度烤 13 ～ 14 分鐘即完成。

4-3.
台灣在地創意菠蘿

蔥花起司
菠蘿

 熱量：331 kcal / 個

● **材料** Ingredientss （4 人份）

菠蘿麵糰		麵包麵糰	
蔥花	15g	高筋麵粉	150g
水	15g	水	100g
鹽巴	0.7g	砂糖	10g
奶油	33g	酵母粉	1.5g
糖粉	10g	鹽巴	2g
低筋麵粉	70g	奶油	15g

裝飾		內餡	
蛋液	適量	蔥花	32g
		乳酪絲	25g

● 作法 Step

菠蘿皮

1. 蔥花、水、鹽巴材料放入食物處理器，打碎直到均勻 ❶，完成蔥花水。

2. 奶油打軟與糖粉用打蛋器打到均勻，加入蔥花水拌勻 ❷。

3. 加入過篩的低筋麵粉壓成麵糰 ❸ 之後進冰箱冷藏 30 分鐘。

4. 要使用時再從冰箱取出，分成 4 等分。

麵包

1. 麵包麵糰材料放入麵包機，啟動「麵包麵糰」模式。

2. 分割成 4 等分滾圓靜置 10 分鐘，拍成四方形 ❹，分別包入適量乳酪絲與蔥花，完全包覆成為正方形 ❺ ❻ ❼。

3. 菠蘿皮隔著保鮮膜擀平，麵糰分別蓋上菠蘿皮 ❽。

4. 進行二次發酵 60 分鐘 ❾，塗上蛋液 ❿。

5. 200 度烤 14 ～ 15 分鐘即完成。

● 乳酪絲使用一般做披薩用的即可。

4-4.
台灣在地創意菠蘿

烘焙茶
菠蘿

熱量：280 kcal / 個

● **材料** Ingredientss （5人份）

菠蘿麵糰		麵包麵糰	
奶油	33g	高筋麵粉	150g
糖粉	33g	烘焙茶粉	2g
蛋液	21g	水	100g
低筋麵粉	63g	砂糖	20g
烘焙茶粉	2g	酵母粉	1.5g
		鹽巴	2g
		奶油	18g

● **作法** Step

菠蘿皮

1. 奶油打軟與糖粉用打蛋器打到均勻。

2. 加入蛋液攪拌均勻。

3. 加入茶粉、過篩的低筋麵粉壓成麵糰之後進冰箱冷藏 30
   分鐘。

4. 要使用時再從冰箱取出，分割成 5 等分 ❶。

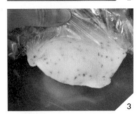

麵包

1. 麵包麵糰材料放入麵包機，啟動「麵包麵糰」模式。

2. 取出麵糰分割成 5 等分滾圓靜置 10 分鐘 ❷。

3. 菠蘿皮隔著保鮮膜擀平為直徑 10 公分的圓形。

4. 麵糰重新滾圓，分別蓋上菠蘿皮 ❸，包好放到烤盤上 ❹。

5. 進行二次發酵 50 ～ 60 分鐘。

6. 200 度烤 12 ～ 14 分鐘即完成。

● 烘焙茶粉可以自行將茶葉放入食物處理機打成粉末狀再使用。

● 食譜使用的是炭焙烏龍茶。

5-1.
美味的菠蘿吐司

紅酒脆皮
巧克力吐司

熱量：292 kcal／片

● **材料** Ingredientss （6人份）

巧克力菠蘿麵糰

奶油	23g
糖粉	20g
蛋液	12g
低筋麵粉	45g
可可粉	5g

裝飾

砂糖	適量

內餡

耐烤巧克力豆	45g

麵包麵糰

高筋麵粉	230g
可可粉	20g
紅酒（先煮沸）	100g
水	70g
砂糖	25g
酵母粉	2.5g
鹽巴	3g
奶油	25g

● 作法 Step

菠蘿皮

1. 奶油打軟與糖粉用打蛋器打到均勻。

2. 加入蛋液攪拌均勻。

3. 加入過篩的低筋麵粉、可可粉壓成麵糰之後進冰箱冷藏 30 分鐘。

4. 要使用時再從冰箱取出，分割成 2 等分。

麵包

1. 麵包麵糰材料放入麵包機，啟動「麵包麵糰」模式。

2. 取出麵糰分割成 2 等分滾圓靜置 10 分鐘 ❶，擀成 20×15 公分長方形。

3. 放上部分巧克力豆 ❷，左右覆蓋 ❸❹，再放上其餘巧克力豆捲起來 ❺。

4. 菠蘿皮隔著保鮮膜擀平為 10 公分的正方形，麵糰分別蓋上菠蘿皮 ❻，沾上砂糖 ❼❽，放入吐司模 ❾。

5. 進行二次發酵 60 ～ 80 分鐘，或隆起到模型 8 分滿 ❿。

6. 190 度烤 26 ～ 30 分鐘即完成。

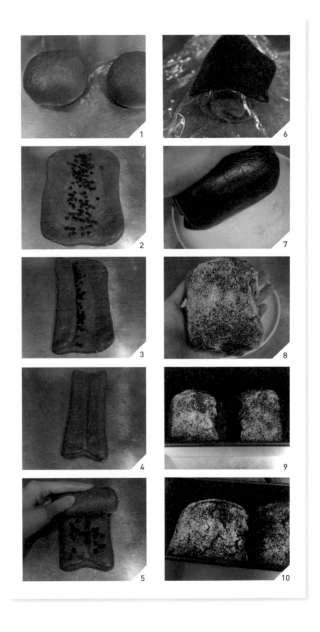

● 紅酒必須先煮沸將酒精蒸發才不會影響發酵，煮沸過程中會耗損紅酒，請用水補足不夠的水分。

● 若不想使用紅酒，可以用 110g 的牛奶取代紅酒。

● 使用 12 兩吐司模。

5-2.
美味的菠蘿吐司

蔓越莓
奶酥吐司

熱量:340 kcal / 片

● **材料** Ingredientss 6 人份

菠蘿麵糰

奶油	23g
糖粉	23g
蛋液	12g
低筋麵粉	42g
奶粉	5g

裝飾

蛋液	適量

投料

蔓越莓	45g

麵包麵糰

高筋麵粉	250g
水	170g
砂糖	20g
酵母粉	2.5g
鹽巴	3g
奶油	25g

內餡

奶酥	50g

（作法詳見 P.134）

● 作法 Step

菠蘿皮

1. 奶油打軟與糖粉用打蛋器打到均勻。

2. 加入蛋液攪拌均勻。

3. 加入過篩的低筋麵粉、奶粉壓成麵糰之後進冰箱冷藏 30 分鐘。

4. 要使用時再從冰箱取出，分割成 2 等分。

麵包

1. 麵包麵糰材料放入麵包機，蔓越莓放入投料盒，啟動「麵包麵糰」模式。

2. 取出麵糰分割成 2 等分滾圓靜置 10 分鐘 ❶，擀成 20 × 15 公分長方形，將奶酥撕成小塊隨意放在麵糰中間 ❷，麵糰往中間摺，再放上其餘奶酥 ❸，吐司捲起來 ❹。

3. 菠蘿皮隔著保鮮膜擀平為 10 公分的正方形，麵糰分別蓋上菠蘿皮 ❺，包好，放入吐司模 ❻。

4. 進行二次發酵 60 ～ 80 分鐘，或隆起到模型 8 分滿 ❼，塗上適量蛋液 ❽。

5. 190 度烤 26 ～ 30 分鐘即完成。

● 使用 12 兩吐司模。

5-3.
美味的菠蘿吐司

迷你芋泥
吐司

熱量：318 kcal / 半條

● **材料** Ingredientss （6人份）

菠蘿麵糰
奶油	35g
糖粉	35g
蛋液	17g
低筋麵粉	70g
奶粉	7g

裝飾
蛋液	適量
杏仁片	適量

麵包麵糰
高筋麵粉	200g
牛奶	66g
水	80g
砂糖	20g
酵母粉	2g
鹽巴	3g
奶油	18g

內餡
肉鬆（可省略）	適量
芋泥	150g

（作法詳見 P.136）

● 作法 Step

菠蘿皮

1. 奶油打軟與糖粉用打蛋器打到均勻。

2. 加入蛋液攪拌均勻。

3. 加入奶粉、過篩的低筋麵粉壓成麵糰，用保鮮膜包起來之後進冰箱冷藏 30 分鐘。

4. 要使用時再從冰箱取出，分成 3 等分。

麵包

1. 麵包麵糰材料放入麵包機，啟動「麵包麵糰」模式。

2. 取出麵糰分割成 3 等分滾圓靜置 10 分鐘 ❶。

3. 麵糰分別擀成 10 × 15 公分的長方形，分別取 50g 芋泥鋪好 ❷ 若有肉鬆，則是放在芋泥上面 ❸，捲起 ❹。

4. 菠蘿皮隔著保鮮膜擀平成長方形，麵糰分別蓋上菠蘿皮 ❺。

5. 放入烤模進行二次發酵 60 〜 70 分鐘 ❻。

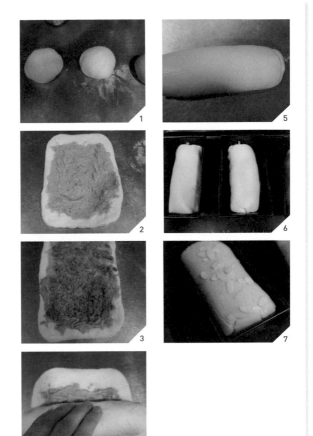

6. 塗上蛋液，放上杏仁片 ❼。

7. 190 度烤 18 〜 20 分鐘即完成。

● 使用 15 × 8 公分（內徑）的不沾粘磅糕蛋糕烤模。

● 依個人喜好，在鋪上芋泥的時候，額外撒上適量的肉鬆，鹹甜口味會更好吃喔！

5-4.
美味的菠蘿吐司

巴布羅
吐司

熱量：303 kcal / 片

● **材料** Ingredientss （6人份）

墨西哥麵糊		麵包麵糰	
奶油	50g	高筋麵粉	250g
糖粉	50g	蛋液	50g
蛋液	50g	水	120g
低筋麵粉	55g	砂糖	25g
		酵母粉	2.5g
裝飾		鹽巴	3
杏仁片	適量	奶油	25g

● 作法 Step

墨西哥麵糊

1. 奶油打軟,加入糖粉攪拌到顏色稍微變淺 ❶。

2. 分次加入蛋液攪拌均勻 ❷。

3. 放入過篩的麵粉攪拌均勻 ❸。

4. 裝入擠花袋中備用。

麵包

1. 麵包麵糰材料放入麵包機,啟動「麵包麵糰」模式。

2. 取出麵糰分割成 3 等分❹,滾圓靜置 10 分鐘,此時將吐司模鋪上烘焙紙方便脫膜。

3. 麵糰分別擀成 10 × 20 公分長方形,兩邊往內摺 ❺ 之後將麵糰捲起來 ❻ 放入吐司模 ❼。

4. 進行二次發酵 60 ～ 90 分鐘,或隆起到模型的 8 分滿。

5. 烘烤之前,擠上墨西哥麵糊,撒上適量杏仁片 ❽。

6. 烤箱預熱 190 度,烘烤 26 ～ 30 分鐘即完成。

● 使用 12 兩吐司模。

5-5.
美味的菠蘿吐司

大理石
吐司

熱量：326 kcal / 片

● **材料** Ingredients 6 人份

菠蘿麵糰

奶油	25g
糖粉	30g
蛋液	12g
低筋麵粉	50g
奶粉	5g
可可粉	2g

大理石

可可粉	8g
水	8g
砂糖	10g

麵包麵糰

高筋麵粉	220g
鮮奶	90g
水	70g
砂糖	22g
酵母粉	2.5g
鹽巴	3g
奶油	20g

● 作法 Step

菠蘿皮

1. 奶油打軟與糖粉用打蛋器打到均勻。

2. 加入蛋液攪拌均勻。

3. 加入奶粉、過篩的低筋麵粉壓成麵糰。

4. 取其中 15g 麵糰，加入過篩可可粉揉到均勻上色，之後將兩種麵糰包保鮮膜入冰箱冷藏 30 分鐘。

5. 原味麵糰隔著保鮮膜**擀**成 10×15 公分的長方形。

6. 將巧克力麵糰隨意分成幾塊，放在原味麵糰上 ❶ ，將麵糰捲起來 ❷，再度**擀**成 10×15 公分的長方形。

7. 如果覺得紋路不夠像大理石，可以再度捲起來**擀平** ❸，建議不要超過 3 次避免菠蘿皮出筋。

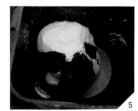

麵包

1. 麵包麵糰材料放入麵包機，啟動「烏龍麵糰」模式。

2. 將大理石材料攪拌均勻 ❹。

3. 行程結束後，放入大理石材料 ❺，再度啟動「烏龍麵糰」3 分鐘就立即停止。

4. 將麵糰靜置 60 分鐘。

5. 將麵糰排氣滾圓後靜置 10 分鐘 ❻。

6. 擀成 20 × 25 公分的長方形，將兩邊往中間摺 ❼，再捲起來 ❽。

7. 菠蘿皮隔著保鮮膜擀平成 10 × 15 公分的長方形，覆蓋在麵糰上方 ❾。

8. 放回麵包機，進行二次發酵 60 ～ 90 分鐘 ❿。

9. 啟動「蔬食蛋糕」模式，自行計時 35 分鐘即完成。

● 麵包步驟 3 再度啟動「烏龍麵糰」模式時，自行觀察確認麵糰不能過度攪拌，避免大理石紋路消失。

6

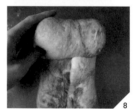
7

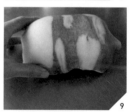
8

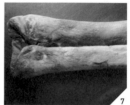
9

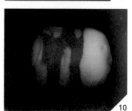
10

5-6.
美味的菠蘿吐司

中種法
果乾吐司

熱量：279 kcal／片

● **材料** Ingredientss （6人份）

菠蘿麵糰

奶油	23g
糖粉	23g
蛋液	12g
低筋麵粉	42g
奶粉	5g

中種麵糰

高筋麵粉	140g
水	98g
酵母粉	1.4g

裝飾

蛋液	適量

麵包麵糰

高筋麵粉	70g
牛奶	55g
砂糖	15g
煉乳	10g
酵母粉	0.7g
鹽巴	3g
奶油	20g

投料

蔓越莓	50g

● 作法 Step

菠蘿皮

1. 奶油打軟與糖粉用打蛋器打到均勻。

2. 加入蛋液攪拌均勻。

3. 加入過篩的低筋麵粉、奶粉壓成麵糰之後進冰箱冷藏 30 分鐘。

4. 要使用時再從冰箱取出，分割成 2 等分。

麵包

1. 中種麵糰材料放入麵包機，啟動「麵包麵糰」模式，完成中種麵糰 ❶。

2. 直接把麵包麵糰材料全數放入麵包機 ❷，蔓越莓放入投料盒，啟動「麵包麵糰」模式。

3. 取出麵糰分割成 2 等分滾圓靜置 10 分鐘，擀成 20×15 公分長方形 ❸，麵糰往中間摺，再捲起來 ❹。

4. 菠蘿皮隔著保鮮膜擀平為 10 公分的正方形，麵糰分別蓋上菠蘿皮，畫出紋路，放入麵包機 ❺。

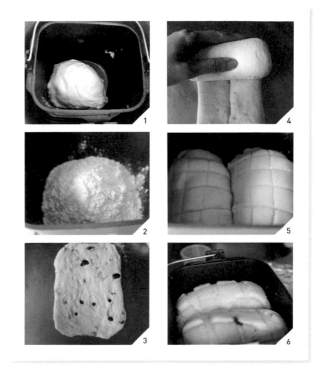

5. 進行二次發酵 60 ～ 80 分鐘，或隆起到模型 9 分滿，塗上適量蛋液 ❻。

6. 啟動「蔬食蛋糕」模式，烘烤 35 分鐘即完成。

● 這款麵包製作時間比較長，大約 4 ～ 5 小時，但是麵糰非常柔軟好吃！

● 蔓越莓可以換成其他果乾，但建議不要超過 50g。

6-1.

可愛的造型菠蘿

烏龜菠蘿

熱量：252 kcal / 個

● **材料** Ingredients （5人份）

菠蘿麵糰		麵包麵糰	
奶油	25g	高筋麵粉	160g
糖粉	25g	水	104g
蛋液	12g	砂糖	16g
低筋麵粉	48g	酵母粉	1.6g
抹茶粉	2g	鹽巴	2g
		奶油	16g

● 作法 Step

菠蘿皮

1. 奶油於室溫軟化之後打軟，與糖粉用打蛋器打到均勻。

2. 加入蛋液攪拌均勻。

3. 加入過篩的低筋麵粉、抹茶粉壓成麵糰之後進冰箱冷藏 30 分鐘。

4. 要使用時再從冰箱取出，分成 5 等分搓成圓形。

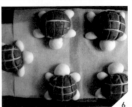

麵包

1. 麵糰材料放入麵包機，啟動「麵包麵糰」模式。

2. 取出麵糰分割成 20g×5 個（四肢＋頭），分別各再切割成 8g（頭部）、3g×4 個（四肢）。

3. 剩餘麵糰切割成 5 等分，約 40g×5 個（身體），分別滾圓靜置 10 分鐘，所以每一隻烏龜分別有一個 40g、8g、四個 3g 小麵糰 ❶。

4. 菠蘿皮隔著保鮮膜擀成圓形，所有的 40g 麵糰重新滾圓，再分別將菠蘿皮蓋上去 ❷。

5. 包好之後，用刮板畫出紋路 ❸。

6. 將烏龜頭部滾圓，其他四肢簡單搓成短腳的形狀，放上烤盤 ❹。

7. 將身體麵糰放上 ❺。

8. 進行二次發酵 40 ～ 50 分鐘 ❻。

9. 190 度烤 10 分鐘，再降為 180 度烤 3 ～ 4 分鐘即完成。

6-2.
可愛的造型菠蘿

企鵝菠蘿

熱量：163 kcal / 個

● **材料** Ingredientss （8 人份）

菠蘿麵糰		麵包麵糰	
奶油	18g	高筋麵粉	150g
糖粉	18g	竹炭粉	1.5g
蛋液	7g	水	100g
低筋麵粉	30g	砂糖	15g
奶粉	3g	酵母粉	1.5g
		鹽巴	2g
裝飾		奶油	15g
白巧克力	適量		
黑巧克力	適量	**內餡**	
薑黃粉	適量	巧克力	40g

● 作法 Step

菠蘿皮

1. 奶油打軟與糖粉用打蛋器打到均勻。

2. 加入蛋液攪拌均勻。

3. 加入奶粉、過篩的低筋麵粉，壓成麵糰之後進冰箱冷藏 30 分鐘。

4. 要使用時再從冰箱取出。

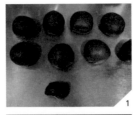
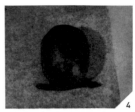

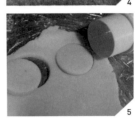

麵包

1. 麵包麵糰材料放入麵包機，啟動「麵包麵糰」。

2. 取出麵糰切出 10g，剩餘麵糰分成 8 等分滾圓為企鵝的身體，靜置 10 分鐘 ❶。

3. 10g 麵糰再切割成 8 等分作為企鵝的腳，分別搓成 5 公分的長條形 ❷。

4. 身體麵糰分別包入 5g 的巧克力餡，包好呈橢圓形狀並組合在烤盤上 ❸ ❹。

5. 菠蘿皮隔著保鮮膜擀平成約 15 公分的正方形，使用直徑約 4.5 公分全形圈模壓出肚皮的形狀 ❺，蓋上企鵝的肚子。

6. 進行二次發酵 30 ～ 40 分鐘，在身體左右兩邊剪出企鵝的手 ❻。

7. 190 度烤 11 ～ 12 分鐘。

8. 麵包放涼之後，將巧克力放入三明治袋，隔水加熱融化，畫出企鵝的眼睛，嘴巴部分則是用白巧克力與適量的薑黃粉染成黃色即完成。

6-3.
可愛的造型菠蘿

金雞報喜

熱量：173 kcal / 個

● **材料** Ingredientss （8人份）

菠蘿麵糰

低筋麵粉	50g
糖粉	10g
鹽巴	少許
油	12g
水	12g

麵包麵糰

高筋麵粉	150g
薑黃粉	1.5g
水	100g
砂糖	15g
酵母粉	1.5g
鹽巴	2g
油	15g

裝飾

白巧克力	適量
黑巧克力	適量
紅麴粉	適量

● 作法 Step

菠蘿皮

1. 低筋麵粉、糖粉過篩一起置於鋼盆。

2. 加入油大致攪拌均勻 ❶。

3. 加水壓成麵糰 ❷，包保鮮膜進冰箱冷藏 30 分鐘。

4. 要使用時再從冰箱取出，分成 8 等分。

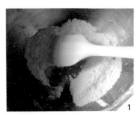

麵包

1. 麵包麵糰材料放入麵包機，啟動「麵包麵糰」模式。

2. 取出麵糰分割成 8 等分滾圓靜置 10 分鐘 ❸，再度滾圓，側邊再捏緊成為橢圓形。

3. 菠蘿皮隔著保鮮膜擀平對切 ❹，分別剪出蛋殼破裂形狀 ❺，依造型蓋上菠蘿皮，放到烤盤上 ❻。

4. 進行二次發酵 40 分鐘。

5. 180 度烤 13 ～ 14 分鐘。

6. 放涼後用巧克力畫上表情即完成。

● 這配方是純素的，如果可以吃蛋奶素，建議內餡包入乳酪絲，風味更棒喔！

6-4.
可愛的造型菠蘿

俏皮的馬

熱量：167 kcal / 個

● **材料** Ingredientss （6人份）

菠蘿麵糰

奶油	13g
糖粉	13g
蛋液	6g
低筋麵粉	25g
奶粉	3g

裝飾

白巧克力	適量
黑巧克力	適量

麵包麵糰

高筋麵粉	150g
水	95g
黑糖	25g
酵母粉	1.5g
鹽巴	2g
奶油乳酪	25g

● 作法 Step

菠蘿皮

1. 奶油打軟與糖粉用打蛋器打到均勻。

2. 加入蛋液攪拌均勻。

3. 加入奶粉、過篩的低筋麵粉壓成麵糰，用保鮮膜包起來之後進冰箱冷藏 30 分鐘。

4. 要使用時再從冰箱取出，分成 3 等分。

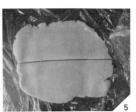

麵包

1. 麵包麵糰材料放入麵包機，啟動「麵包麵糰」模式。

2. 取出麵糰切出 12g，剩餘麵糰分成 6 等分滾圓靜置 10 分鐘 ❶。

3. 12g 麵糰隨性分割成 12 等分，搓長作為馬的耳朵 ❷。大麵糰拍平之後捲起來 ❹ ❸。

4. 菠蘿皮隔著保鮮膜擀平為直徑 10 公分的圓形再對切 ❺，分別蓋上麵糰包好 ❻，組好馬耳放到烤盤上 ❼。

5. 進行二次發酵 40 ～ 50 分鐘。

6. 190 度烤 10 分鐘，再降為 180 度烤 2 分鐘。

7. 麵包放涼之後，將黑、白巧克力分別放到三明治袋裡面隔水加熱，畫上五官即完成。

● 這款麵包菠蘿皮的體積比較小，放到隔天容易變得濕潤是正常現象喔！

6-5.
可愛的造型菠蘿

葉子

熱量：291 kcal／個

● **材料** Ingredientss （6人份）

菠蘿麵糰

奶油	50g
糖粉	50g
蛋液	24g
低筋麵粉	98g
抹茶粉	4g

※ 如果做原味請將抹茶粉等
　量改成低筋麵粉。

麵包麵糰

高筋麵粉	150g
水	100g
砂糖	15g
酵母粉	1.5g
鹽巴	2g
奶油	16g

裝飾

砂糖	適量

● 作法 Step

菠蘿皮

1. 奶油打軟與糖粉用打蛋器打到均勻。

2. 加入蛋液攪拌均勻。

3. 加入過篩的低筋麵粉、抹茶粉壓成麵糰之後進冰箱冷藏 30
   分鐘。

4. 要使用時再從冰箱取出，分成 6 等分。

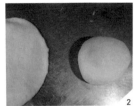

麵包

1. 麵包麵糰材料放入麵包機，啟動「麵包麵糰」模式。

2. 取出麵糰分割成 6 等分滾圓靜置 10 分鐘 ❶。

3. 菠蘿皮隔著保鮮膜擀成橢圓形，麵糰擀成橢圓形，再捲起
   來 ❷❸，分別將菠蘿皮蓋上去 ❹。

4. 包好之後，沾上適量砂糖，用刮板畫出紋路 ❺。

5. 進行二次發酵 40 ～ 50 分鐘。

6. 190 度烤 10 分鐘，再降為 180 度烤 3 ～ 4 分鐘即完成。

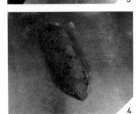
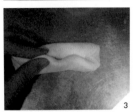

● 菠蘿皮畫上紋路的時候，深淺要剛好，太深菠蘿皮會裂太開，太淺的話
  則會看不清楚紋路。

6-6.
可愛的造型菠蘿

南瓜造型
菠蘿

熱量：273 kcal / 個

● **材料** Ingredientss （5人份）

菠蘿麵糰

奶油	35g
糖粉	25g
蛋液	17g
低筋麵粉	65g
南瓜粉	5g

裝飾

蛋液	適量
巧克力	適量

麵包麵糰

高筋麵粉	150g
起司粉	5g
水	100g
砂糖	10g
酵母粉	1.5g
鹽巴	2g
奶油	15g

● 作法 Step

菠蘿皮

1. 奶油打軟與糖粉用打蛋器打到均勻。

2. 加入蛋液攪拌均勻。

3. 加入南瓜粉、過篩的低筋麵粉壓成麵糰之後進冰箱冷藏 30 分鐘。

4. 要使用時再從冰箱取出，分成 5 等分搓成圓扁狀。

麵包

1. 麵包麵糰材料放入麵包機，啟動「麵包麵糰」模式。

2. 取出麵糰分割成 5 等分滾圓靜置 10 分鐘。

3. 菠蘿皮隔著保鮮膜擀平為直徑 10 公分的圓形 ❶。

4. 麵糰重新滾圓，分別蓋上菠蘿皮，畫上直條紋路，放到烤盤上 ❷。

5. 進行二次發酵 50 ～ 60 分鐘 ❸，塗上蛋液。

6. 200 度烤 12 ～ 14 分鐘。

7. 麵包涼了之後，將巧克力放入三明治袋隔水加熱，畫出圖案即完成。

● 麵糰發酵之後，菠蘿皮會裂開，露出的白色麵糰部分要確實塗上蛋液，這樣烤出來的色差才不會太大喔！

6-7.
可愛的造型菠蘿

草莓造型
菠蘿

熱量：297 kcal / 個

● **材料** Ingredientss （6人份）

草莓菠蘿麵糰

奶油	35g
糖粉	35g
蛋液	25g
低筋麵粉	82g
草莓粉	2.5g
紅麴粉	1.5g

抹茶菠蘿麵糰

奶油	13g
糖粉	13g
蛋液	6g
低筋麵粉	27g
抹茶粉	1g

麵包麵糰

高筋麵粉	150g
水	100g
砂糖	20g
酵母粉	1.5g
鹽巴	2g
奶油	20g

裝飾

白芝麻	適量

● 作法 Step

菠蘿皮

1. 奶油打軟與糖粉用打蛋器打到均勻。

2. 加入蛋液攪拌均勻。

3. 加入過篩的低筋麵粉、草莓粉、紅麴粉壓成麵糰之後進冰箱冷藏30分鐘。

4. 要使用時再從冰箱取出，分成6等分搓成圓形（抹茶菠蘿麵糰也是一樣的作法，只是草莓粉、紅麴粉改成抹茶粉，冷藏之後分成3等分）。

麵包

1. 麵包麵糰材料放入麵包機，啟動「麵包麵糰」模式。

2. 取出麵糰分割成6等分，滾圓靜置10分鐘 ❶，再度排氣滾圓，將底部兩邊黏緊成橢圓形 ❷。

3. 草莓菠蘿皮隔著保鮮膜擀成橢圓形，將麵糰分別蓋上菠蘿皮 ❸❹。

4. 抹茶菠蘿皮**擀**成10公分直徑的圓形再對切 ❺，其中一份剪出鋸齒狀 ❻，覆蓋在草莓菠蘿皮上，剩餘的小三角形菠蘿皮搓成圓柱狀當成草莓蒂 ❼。

5. 進行二次發酵30～40分鐘，放上少許白芝麻 ❽。

6. 180度烤11分鐘，再降為160度烤2～3分鐘即完成。

● 草莓菠蘿二次發酵時間不要太長，避免菠蘿皮裂痕太多。

6-8.
可愛的造型菠蘿

鳳梨造型
菠蘿

熱量：624 kcal / 個

● **材料** Ingredients （2人份）

菠蘿麵糰

奶油	23g
糖粉	22g
蛋液	10g
低筋麵粉	45g
奶粉	5g

裝飾

蛋液	適量

麵包麵糰

高筋麵粉	150g
水	100g
砂糖	20g
酵母粉	1.5g
鹽巴	2g
奶油	20g

上色

抹茶粉	1.5g
水	2g

● 作法 Step

菠蘿皮

1. 奶油打軟與糖粉用打蛋器打到均勻，加入鹽巴繼續攪拌均勻。

2. 加入蛋液攪拌均勻。

3. 加入奶粉、過篩的低筋麵粉壓成扁平狀之後進冰箱冷藏 30 分鐘，

4. 要使用時再從冰箱取出，分成 2 等分。

麵包

1. 麵包麵糰材料放入麵包機，啟動「烏龍麵糰」模式。

2. 取 98g 作為之後的綠麵糰。 剩餘的為白麵糰。

3. 98g 麵糰再度放回麵包機，放入抹茶粉與水，啟動「烏龍麵糰」模式，只要上色均勻就可停止。

4. 兩個麵糰分別收圓之後，放到保鮮盒裡面，靜置 50 分鐘。

5. 白麵糰與綠麵糰分別分割成 2 等分滾圓靜置 10 分鐘 ❶。

6. 取白麵糰拍平，翻面之後捲起來把收口黏緊 ❷，菠蘿皮隔著保鮮膜捍到可以包覆白麵糰。

7. 包覆好之後，刮板沾適量的手粉，畫出菱格紋路。

8. 綠麵糰擀平（長約 10 公分），捲起來收口黏緊，用 麵棍壓出約 5 公分的扁平狀。

9. 組合鳳梨，進行二次發酵 50 ～ 60 分鐘。

10. 烤箱預熱 190 度，入烤箱前，綠麵糰部分用剪刀剪出葉子的形狀，將菠蘿皮塗上適量蛋液，烤約 15 ～ 16 分鐘即完成。

● 這款鳳梨菠蘿很適合過年的時候製作，象徵好運旺來！

● 如果不要綠色葉子過深，可以烤約 10 分鐘左右，綠色部分就先蓋上錫箔紙。

6-9.
可愛的造型菠蘿

栗子造型
菠蘿

熱量：370 kcal / 個

● **材料** Ingredientss （5人份）

菠蘿麵糰

低筋麵粉	74g
可可粉	6g
糖粉	25g
油	22g
水	23g

內餡

栗子泥	150g

（作法詳見 P.156）

麵包麵糰

高筋麵粉	147g
可可粉	3g
鮮奶油	60g
水	50g
砂糖	15g
酵母粉	1.5g
鹽巴	2g
奶油	12g

● 作法 Step

菠蘿皮

1. 低筋麵粉、可可粉、糖粉過篩一起置於鋼盆。

2. 加入油大致攪拌均勻 。

3. 加水壓成麵糰之後進冰箱冷藏 30 分鐘。

4. 要使用時再從冰箱取出,分割成 5 等分。

麵包

1. 麵包麵糰材料放入麵包機,啟動「麵包麵糰」模式。

2. 取出麵糰分割成 5 等分滾圓靜置 10 分鐘 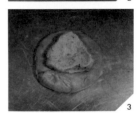,分別包入
   30g 栗子泥 ,整成三角形麵糰。

3. 菠蘿皮隔著保鮮膜**擀**平,麵糰分別蓋上菠蘿皮包好 刻意
   留下一部分沒包覆,放到烤盤上 。

4. 進行二次發酵 50 ～ 60 分鐘。

5. 190 度烤 13 ～ 14 分鐘即完成。

● 包餡的時候,可以先將栗子泥塑形成為三角形,包餡會更順利喔!

6-10.
可愛的造型菠蘿

樹幹造型
菠蘿

熱量：299 kcal / 個

● **材料** Ingredientss　（5人份）

菠蘿麵糰

奶油	28g
糖粉	24g
蛋液	14g
低筋麵粉	50g
可可粉	5g

內餡

耐烤巧克力豆	25g

麵包麵糰

高筋麵粉	135g
可可粉	15g
牛奶	55g
水	52g
砂糖	20g
酵母粉	1.5g
鹽巴	2g
奶油	20g

● 作法 Step

菠蘿皮

1. 奶油打軟與糖粉用打蛋器打到均勻。

2. 加入蛋液攪拌均勻。

3. 加入過篩的低筋麵粉、可可粉壓成麵糰之後進冰箱冷藏 30 分鐘，要使用時再從冰箱取出。

麵包

1. 麵包麵糰材料放入麵包機，啟動「麵包麵糰」模式。

2. 取出麵糰分割成一個 40g 小麵糰，與剩餘大麵糰，分別排氣重新滾圓靜置 10 分鐘 ❶。

3. 將大麵糰擀成 20 × 25 公分的長方形，放入 20g 耐烤巧克力豆 ❷，捲起來 ❸。

4. 將小麵糰擀成 10 公分的正方形，放入 5g 巧克力豆 ❹，捲起來 ❺，切割成 3 等分 ❻，隨意擺放在大麵糰旁邊 ❼。

5. 取菠蘿皮隔著保鮮膜擀平為 15 × 20 公分的長方形，麵糰蓋上菠蘿皮包好 ❽，畫上直條紋路 ❾，放到烤盤上。

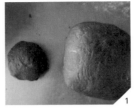

6. 進行二次發酵 50 ～ 60 分鐘。

7. 190 度烤 18 ～ 20 分鐘即完成。

6-11.
可愛的造型菠蘿

愛心造型
菠蘿

熱量：275 kcal / 個

● **材料** Ingredientss （4 人份）

菠蘿麵糰（可做 1 個）

奶油	20g
糖粉	18g
蛋液	9g
低筋麵粉	38g
紅麴粉	1g
奶粉	4g

裝飾

砂糖	適量

麵包麵糰

高筋麵粉	120g
紅麴粉	1.5g
水	84g
砂糖	12g
酵母粉	1.2g
鹽巴	1.5g
奶油	16g

投料

蔓越莓	25g

● 作法 Step

菠蘿皮

1. 奶油打軟與糖粉用打蛋器打到均勻。

2. 加入蛋液攪拌均勻。

3. 加入過篩的低筋麵粉、紅麴粉壓成麵糰之後進冰箱冷藏 30 分鐘，要使用時再從冰箱取出。

麵包

1. 麵包麵糰材料放入麵包機，蔓越莓放入投料盒，啟動「麵包麵糰」模式，趁此時將烤模內部塗上一層奶油以防沾粘 ❶。

2. 取出麵糰排氣之後，整成圓形靜置 10 分鐘，再度排氣滾圓 ❷。

3. 菠蘿皮隔著保鮮膜擀平 ❸，麵糰蓋上菠蘿皮包好沾上砂糖，畫上紋路，放到模型裡面 ❹。

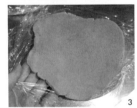

4. 進行二次發酵 50 ～ 60 分鐘 ❺。

5. 190 度烤 10 分鐘，再降為 180 度烤 10 分鐘即完成。

● 使用 6 吋愛心蛋糕模。

● 菠蘿皮畫上紋路的時候，深淺要剛好，太深菠蘿皮會裂太開，太淺的話則會看不清楚紋路。

7-1.

菠蘿的親戚們

墨西哥
麵包

熱量：278 kcal / 個

● **材料** Ingredientss 　（5 人份）

原味墨西哥麵糊

奶油	50g
糖粉	50g
蛋液	50g
低筋麵粉	55g

巧克力墨西哥麵糊

奶油	50g
糖粉	50g
全蛋	50g
低筋麵粉	43g
可可粉	7g

麵包麵糰

湯種	50g
高筋麵粉	150g
水	70g
砂糖	15g
酵母	1.5g
鹽巴	2.5g
奶油	15g

裝飾

杏仁粒	適量

● 作法 Step

原味／巧克力墨西哥麵糊

1. 奶油打軟，加入糖粉攪拌到顏色稍微變淺。

2. 分次加入雞蛋攪拌均勻。

3. 放入過篩的麵粉（巧克力款需另外加可可粉）攪拌均勻。

4. 裝入擠花袋中備用。

麵包

1. 麵包麵糰材料放入麵包機，啟動「麵包麵糰」模式。

2. 取出麵糰分割成 5 等分 ❶，滾圓靜置 10 分鐘。

3. 麵糰重新滾圓，進行二次發酵 50 ～ 60 分鐘。

4. 烘烤之前，擠上墨西哥麵糊，撒上適量杏仁粉 ❷。

5. 烤箱預熱 200 度，烘烤 12 ～ 13 分鐘即完成。

● 墨西哥麵糊一份可做五個，所以口味擇一做即可。

● 剩餘的墨西哥麵糊放於冰箱保存，或是直接擠到馬芬模型裡面用 180 度
烘烤到熟透，即是磅蛋糕。

● 將兩個擠花袋一起放入另一個擠花袋裡面 ❸，同時擠出就可以有大理
石的效果喔 ❹。

7-2.
菠蘿的親戚們

菠蘿泡芙

熱量：280 kcal / 個

● **材料** Ingredientss （6人份）

菠蘿麵糰		泡芙	
奶油	30g	水	35g
糖粉	30g	牛奶	40g
杏仁粉	15g	無鹽奶油	25g
低筋麵粉	30g	砂糖	5g
		鹽巴	少許
內餡		低筋麵粉	55g
鮮奶油	150g	蛋液	100g
砂糖	15g		

● 作法 Step

菠蘿皮

1. 奶油打軟與糖粉攪拌均勻。

2. 加入過篩的麵粉、杏仁粉攪拌成糰之後，整形成直徑約 3 公分的圓柱體。

3. 用保鮮膜包起來放入冷藏 30 分鐘。

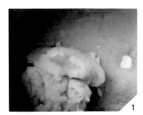

泡芙

1. 水、牛奶、無鹽奶油、砂糖、鹽巴放到湯鍋裡面加熱到小沸騰。

2. 加入過篩的麵粉後關火，迅速攪拌成糰 ❶。

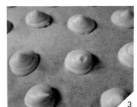

3. 倒入另一個鍋子，等麵糊稍微降溫之後，分次加入打散的蛋液拌勻，直到如照片中呈現倒三角 ❷，麵糊可以維持幾秒鐘都不會滑落即可。

4. 裝入擠花袋，擠出約 10 元硬幣大小的麵糊 ❸。

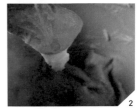

5. 取菠蘿皮，切厚度約 0.2 ～ 0.3 公分的分量 ❹，蓋在麵糊上 ❺。

6. 進烤箱之前對著麵糊上噴水，讓泡芙膨脹可以更順利。

7. 190 度烤 18 分鐘，再降為 180 度烤 4 分鐘。

8. 冷卻之後，將泡芙底部戳一個小洞。

9. 內餡材料用打蛋器打到硬挺，就可以放入擠花袋，食用前將鮮奶油灌入泡芙裡即完成。

● 泡芙烘烤時，要確定都均勻上色之後才可以開烤箱，不然泡芙會坍塌。

● 隔天泡芙表皮變得稍微濕軟是正常現象，還沒填餡的前提下，可以用 180 度回烤 5 ～ 8 分鐘即可恢復酥脆。

7-3.
菠蘿的親戚們

泡菜牛肉
虎皮麵包

熱量：221 kcal / 個

● **材料** Ingredientss ⟨5人份⟩

虎皮		麵包麵糰	
上新粉	25g	高筋麵粉	150g
高筋麵粉	10g	蛋液	20g
砂糖	5g	水	80g
鹽巴	1g	砂糖	10g
水	30g	酵母粉	1.5g
油	5g	鹽巴	2g
酵母粉	0.8g	油	10g

內餡	
泡菜	60g
牛肉片	80g

● 作法 Step

虎皮

1. 於麵糰整形完，進行二次發酵之前，將所有虎皮材料攪拌均勻 ❶，放在室溫 30 度環境發酵 40 ～ 50 分鐘。

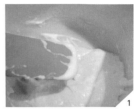

麵包

1. 麵包麵糰材料放入麵包機，啟動「麵包麵糰」模式。

2. 將牛肉放到平底鍋上煎 7 分熟之後放入泡菜，拌炒均勻分成 5 等分 ❷。

3. 取出麵糰分割成 5 等分滾圓靜置 10 分鐘，再度排氣滾圓。

4. 麵糰拍平之後，分別包入餡料 ❸，放到烤盤上。

5. 進行二次發酵 50 ～ 60 分鐘，入烤箱前，麵糰上方塗抹已發酵的虎皮材料 ❹ ❺。

6. 200 度烤 13 ～ 15 分鐘即完成。

- ● 鹹香的麵包很適合當早餐開胃！
- ● 牛肉片建議購買火鍋牛肉片即可。
- ● 虎皮不會完全使用完畢。

7-4.
菠蘿的親戚們

奶酥粒
麵包

熱量：378 kcal / 個

● **材料** Ingredientss （5人份）

奶酥粒

融化奶油	30g
糖粉	30g
低筋麵粉	60g

裝飾

蛋液	適量

內餡

奶酥	150g

（作法詳見 P.134）

麵包麵糰

高筋麵粉	150g
蛋液	20g
水	80g
砂糖	15g
酵母粉	1.5g
鹽巴	2g
奶油	15g

● 作法 Step

奶酥粒

1. 將所有材料混合至呈現沙狀即可 **❶**。

麵包

1. 麵包麵糰材料放入麵包機，啟動「麵包麵糰」模式。

2. 取出麵糰分割成 5 等分滾圓靜置 10 分鐘，拍平分別包入 30g 奶酥 **❷**。

3. 放到烤盤上，稍微按壓麵糰，讓表面稍微平坦。

4. 進行二次發酵 50 ～ 60 分鐘，塗上蛋液，撒上奶酥粒 **❸**。

5. 210 度烤 12 ～ 14 分鐘即完成。

● 製作奶酥粒的時候，不需要過度攪拌，只需要混合成沙狀就可以囉！
● 奶酥粒不會完全使用完畢。

7-5.
菠蘿的親戚們

馬卡龍
麵包

熱量：213 kcal / 個

● **材料** Ingredientss （5人份）

馬卡龍麵衣

杏仁粉	17g
糖粉	20g
蛋白	20g

裝飾

糖粉	適量

麵包麵糰

高筋麵粉	150g
蛋液	50g
水	50g
砂糖	20g
酵母粉	1.5g
鹽巴	3g
奶油	25g

● 作法 Step

馬卡龍麵衣

1. 蛋白打到稍微起泡 ❶，放入糖粉攪拌均勻。

2. 放入杏仁粉攪拌均勻 ❷ 即可冷藏備用。

麵包

1. 麵包麵糰材料放入麵包機，啟動「麵包麵糰」模式。

2. 取出麵糰分割成 5 等分 ❸，滾圓靜置 10 分鐘。

3. 麵糰重新滾圓，進行二次發酵 50 ～ 60 分鐘。

4. 烘烤之前，麵糰塗上一層薄薄的馬卡龍麵衣，撒上適量糖粉 ❹。

5. 烤箱預熱 190 度，烘烤 11 ～ 12 分鐘即完成。

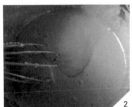

● 馬卡龍麵衣不要塗太厚，裂紋才可以比較明顯。

● 剛出爐的麵包表皮薄脆好吃，隔天表面會潮濕，建議用 180 度回烤 5 分鐘即可恢復酥脆。

● 麵衣不會完全使用完畢。

8-1.

內餡

奶酥餡

● **材料** Ingredientss

無鹽奶油	45g
糖粉	38g
鹽巴	少許
蛋液	12g
奶粉	55g

● **作法** Step

奶酥餡

1. 奶油打軟 ❶ 與糖粉一起攪拌均勻 ❷，加入鹽巴繼續攪拌均勻。

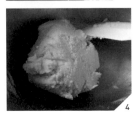

2. 加入蛋液攪拌均勻 ❸。

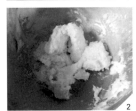

3. 最後加入奶粉攪拌均勻即完成 ❹。

● 若不馬上使用務必放入冰箱冷藏。

8-2.
內餡

芋泥餡

● **材料** Ingredientss

蒸熟的芋頭	200g
奶油	15g
砂糖	20g
牛奶	25g

● **作法** Step

芋泥餡

1. 芋頭蒸熟後，趁熱放入食物處理器 ❶，加入其餘材料，攪拌到均勻滑順即完成 ❷。

● 也可將材料放入麵包機，啟動「烏龍麵糰」模式，攪拌到均勻滑順即可。

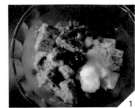

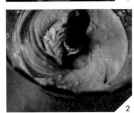

8-3.
內餡

檸檬奶油
乳酪

● **材料** Ingredientss

奶油乳酪	75g
砂糖	24g
檸檬汁	4g

● **作法** Step

檸檬乳酪

1. 奶油乳酪放在室温軟化。

2. 所有材料攪拌均勻即完成 ❶。

● 檸檬汁可依個人喜好增減。

● 也可加入少許檸檬屑增添香氣喔！

8-4.
內餡

卡士達醬

● **材料** Ingredientss

玉米粉	20g
砂糖	40g
牛奶	160g
蛋黃	2 顆
香草豆莢	1/4 根
奶油	20g

● **作法** Step

卡士達醬

1. 香草豆莢剖開，挖出香草籽與牛奶一起放到鍋子裡面加熱，但不要加熱到沸騰 ❶。

2. 蛋黃、砂糖、玉米粉先放到另一個鍋子混合均勻 ❷。

3. 加熱過的牛奶倒一半到步驟2，攪拌均勻 ❸。

4. 之後再倒回原牛奶鍋內 ❹，用小火一邊攪拌一邊加熱。

5. 加熱到稍微黏稠的時候就關火 ❺，倒入另一個鍋子，放入奶油迅速攪拌均勻 ❻。

6. 用保鮮膜覆蓋住，放涼後進冰箱即完成 ❼。

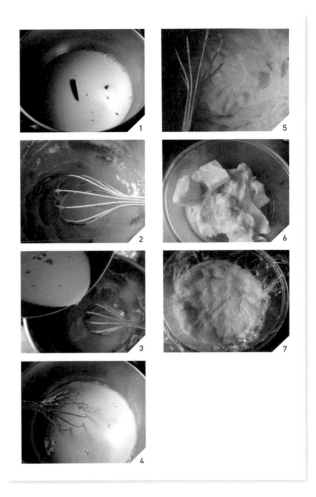

● 香草豆莢在烘焙材料行可以購買到，若沒有香草豆莢，可用香草精取代。

8-5.
內餡

生巧克力

● **材料** Ingredientss

苦甜巧克力	55g
鮮奶油	50g

● **作法** Step

生巧克力

1. 將巧克力放入碗裡面。

2. 鮮奶油放入小湯鍋加熱到邊緣稍微冒泡。

3. 立刻將鮮奶油倒入承裝巧克力的碗 ❶，停留約 10 秒之後開始攪拌均勻 ❷。

4. 取一個四方型保鮮盒（約 7×10 公分），鋪上一層保鮮膜，倒入巧克力 ❸。

5. 蓋上放入冰箱直到呈現固態即完成。

● 使用 70% 巧克力。

8-6.
內餡

奶油霜

● **材料** Ingredientss

發酵奶油	80g
糖粉	40g
鹽巴	少許

● 作法 Step

奶油霜

1. 奶油置於室溫軟化，再加入糖粉、鹽巴 ❶。

2. 所有材料用打蛋器打到奶油微微泛白即完成 ❷。

● 鹽巴雖然少量但一定要加，味道會更豐富有層次。

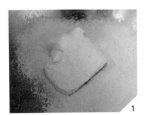

8-7.
內餡

叉燒醬

熱量：278 kcal / 個

● **材料** Ingredientss

沙拉油	適量
蔥	半根切段
紅蔥頭	3 瓣
薑	3 片薄片

勾芡

温水	25g
太白粉	10g
低筋麵粉	10g

調味料

水	100g
鹽巴	1g
砂糖	25g
紅麴醬	10g
醬油	12g

● 作法 Step

叉燒醬

1. 熱鍋之後放入適量油，再放入蔥、紅蔥頭、薑片炒出香氣 ❶。

2. 倒入所有調味料，煮到到稍微入味 ❷，再將湯汁倒出過濾 ❸。

3. 過濾後的湯汁倒回鍋裡，加入勾芡材料攪拌均勻 ❹，一點點慢慢的放入鍋內，加熱攪拌直到濃稠即完成 ❺。

● 勾芡材料不見得一定要用完，只要呈現濃稠即可。

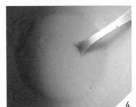

8-8.
內餡

微流沙
鹹奶酥餡

● **材料** Ingredientss

奶油	40g
糖粉	30g
鹹蛋黃	40g
奶粉	30g
起司粉	10g
牛奶	10g
煉乳	10g

● 作法 Step

微流沙鹹奶酥餡

1. 鹹蛋黃放入烤箱以 190 度烤 8 ～ 10 分鐘，直到冒泡烤熟之後 ❶，用米酒噴表面去蛋腥味。

2. 蛋黃放涼之後切碎、再過篩 ❷。

3. 奶油於室溫軟化之後，放入所有材料攪拌均勻 ❸，放入冰箱冷藏即完成 ❹。

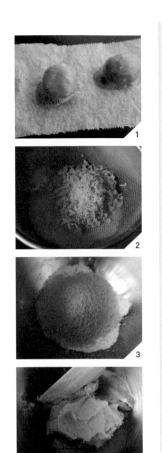

8-9.
內餡

黑糖 QQ

● **材料** Ingredientss

糯米粉	60g
玉米粉	10g
水	100g
油	5g
黑糖	49g

● **作法** Step

黑糖 QQ

1. 所有材料一起攪拌均勻 。

2. 不沾平底鍋加熱到稍微有溫度，放入材料適當攪拌 ❷ ，直
   到麻糬顏色變得略微透明即可。

3. 取一個碗，裡面塗上一層薄薄的油，放入麻糬 ❸ ，保鮮膜
   服貼蓋上放涼即完成。

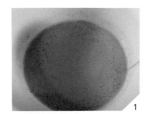

8-10.
內餡

原味麻糬

● 材料 Ingredientss

糯米粉	70g
水	130g
砂糖	15g
油	適量

● **作法** Step

原味麻糬

1. 糯米粉、水、砂糖攪拌均勻 ❶。

2. 放到不沾平底鍋上一邊加熱 一般攪拌 ❷ ❸，直到麻糬呈現半透明即可 ❹。

3. 用少量的油塗抹在碗上，再把麻糬放入碗裡面，以刮刀稍微攪拌讓麻糬更 Q ❺。

4. 蓋上保鮮膜放涼即完成。

● 麻糬甜度不高吃起來不膩，是為了搭配麵包整體風味，如果要單吃可以再搭配花生粉。

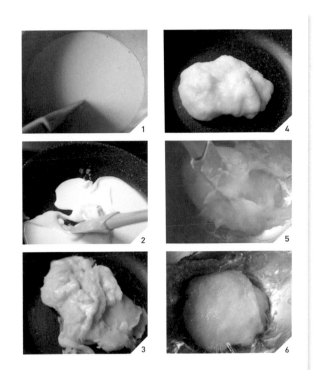

8-11.
內餡

湯種

● **材料** Ingredientss

水	125g
高筋麵粉	25g

● **作法** Step

湯種

1. 將麵粉與水攪拌均勻之後，放入鍋子一邊加熱一邊攪拌，
   直到麵糊的紋路清楚了，就可以關火 ❶。

2. 倒入另一個碗裡面，用保鮮膜覆蓋並服貼住湯種表面 ❷，
   涼了之後放入冰箱冷藏即完成。

● **建議隔一晚再使用。**

8-12.

內餡

栗子泥

● **材料** Ingredientss

已煮熟的有機甘栗	100g
砂糖	14g
奶油	14g
牛奶	20g

● **作法** Step

栗子泥

1. 將所有材料放入碗裡面，微波 500W 約 40 秒直到微溫即可。

2. 所有材料倒入食物攪拌器（或是果汁機）打到成為細緻的泥狀。

3. 入冷藏 30 分鐘之後，會比較方便塑形。

● 打好的栗子泥會有一點細小的顆粒，如果想要更細緻，可以用篩網過濾。

9-1.
菠蘿皮的變化

可愛餅乾

● **材料** Ingredientss

| 原味菠蘿皮 | 適量 |
| 巧克力菠蘿皮 | 適量 |

● 作法 Step

餅乾

1. 取至少 100g 的菠蘿皮面糰， 平成為約 0.3 公分的厚度，
   用餅乾模型壓出圖案 ❶，甚至可以做出雙色餅乾 ❷。

2. 倒放到烤盤，以 170 度烤 12 ～ 14 分鐘，直到餅乾酥脆即
   完成。

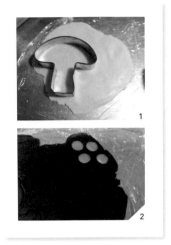

● 有時候剩下一些菠蘿皮麵糰，但是又不想做菠蘿麵包，就可以把菠蘿皮
  材料做這樣的變化喔！

9-2.
菠蘿皮的變化

草莓塔

（季節限定）

熱量：276 kcal / 個

● **材料** Ingredientss （4人份）

草莓塔

原味菠蘿皮	160g
草莓	約 12 顆
卡士達醬	280g

（作法詳見 P.140）

● 作法 Step

菠蘿皮

1. 取原味菠蘿皮，成比 6 吋派模還大的圓形 ❶ ❷。

2. 鋪上派模之後，用手指將邊緣按服貼 ❸。

3. 用叉子將底部戳出洞 ❹，以防烘烤時膨脹。

4. 表面蓋上烘焙紙，並且壓上烘焙重石 ❺。

5. 放進冷凍冰約 10 分鐘，烤箱預熱 180 度。

6. 派模放上烤盤，連同烘焙石一起入烤箱烤 20 ～ 22 分鐘即可 ❻。

7. 派皮放涼脫膜之後，填滿卡士達醬 ❼。

8. 擺放上草莓即完成。

● 使用 6 吋派模。

● 如果沒有烘焙石，可以用黃豆取代，但使用 1 ～ 2 次之後就不要再使用。

● 完成之後灑上少許糖粉會更漂亮喔！

10-1.
菠蘿這樣吃

菠蘿漢堡

也可以當成漢堡喔！原味的菠蘿，或是馬卡龍菠蘿、黑芝麻菠蘿，從中間切開之後，放入小黃瓜、火腿、雞蛋就是營養均衡的早餐喔！

10-2.
菠蘿這樣吃

菠蘿
冰淇淋

熱量：278 kcal / 個

這是最近很夯的搭配，回烤到微熱的菠蘿麵包，搭配上濃郁的冰淇淋，好好吃啊！

無論是加上口味特殊的「夏蕾」開心果冰淇淋、金車噶瑪蘭威士忌巧克力、海鹽花生、日式芝麻、香草冰淇淋等等。

或是草莓菠蘿搭配上水果風味的冰淇淋！ 都好棒啊！

辣媽的百變菠蘿 51 種多變的菠蘿麵包＆ 12 美味餡料

作者	辣媽 Shania（郭雅芸）
美術設計	季曉彤
校對	黃芷琳
編輯企畫	辣媽 Shania（郭雅芸）

總編輯	賈俊國
副總編輯	蘇士尹
資深主編	吳岱珍
行銷企畫	張莉榮・廖可筠・蕭羽猜

發行人	何飛鵬
法律顧問	元和法律事務所 王子文律師
出版	布克文化出版事業部
	台北市中山區民生東路二段 141 號 8 樓
	電話：〔02〕2500-7008 傳真：〔02〕2502-7676
	Email：sbooker.service@cite.com.tw
台灣發行所	英屬蓋曼群島商家庭傳媒股份有限公司城邦分公司
	台北市中山區民生東路二段 141 號 2 樓
	書虫客服服務專線：〔02〕2500-7718；2500-7719
	24 小時傳真專線：〔02〕2500-1990；2500-1991
	劃撥帳號：19863813；戶名：書虫股份有限公司
	讀者服務信箱：service@readingclub.com.tw
香港發行所	城邦（香港）出版集團有限公司
	香港灣仔駱克道 193 號東超商業中心 1 樓
	電話：+852-2508-6231 傳真：+852-2578-9337
	Email：hkcite@biznetvigator.com
馬新發行所	城邦（馬新）出版集團 Cité（M）Sdn. Bhd.
	41, Jalan Radin Anum, Bandar Baru Sri Petaling,
	57000 Kuala Lumpur, Malaysia
	電話：+603- 9057-8822 傳真：+603- 9057-6622
	Email：cite@cite.com.my
印刷	韋懋實業有限公司
初版	2017 年（民 106）04 月　　2020 年（民 109）10 月初版 5 刷
定價	380 元
ISBN	978-986-94500-9-6

辣媽的百變菠蘿／郭雅芸作 . -- 初版 . --
臺北市：布克文化出版：家庭傳媒城邦分
公司發行, 民 106.04
　面；　公分
ISBN 978-986-94500-9-6〔平裝〕

1. 點心食譜 2. 麵包

427.16　　　106005753